黄河國家治理文獻集成（民國卷）第十四册

《黄河國家治理文獻集成》編委會　編

總第七十八册

黄河石頭莊馮樓堵口工程實録

宋希尚　著

董杰　編

黄河富源之利用

崔士杰　著

董杰　編

內蒙古出版集團
內蒙古人民出版社

圖書在版編目(CIP)數據

黄河石頭莊馮樓堵口工程實録 ; 黄河富源之利用 / 宋希尚, 崔士杰著 ; 董杰編. -- 呼和浩特 : 内蒙古人民出版社, 2025. 8. --(黄河國家治理文獻集成).
ISBN 978-7-204-18446-0

Ⅰ. TV871.3; TV213.9

中國國家版本館 CIP 數據核字第 2025T9G513 號

黄河石頭莊馮樓堵口工程實録　黄河富源之利用

宋希尚　著　　崔士杰　著

編　　者　董　杰
策劃編輯　王　瑶
責任編輯　陳利保
助理編輯　何可欣
裝幀設計　劉那日蘇　吉　雅　安立新
責任監印　包鐵柱
出版發行　内蒙古出版集團　内蒙古人民出版社
地　　址　呼和浩特市新城區中山東路 8 號波士名人國際 B 座 5 層
網　　址　http://www.impph.cn
印　　刷　内蒙古愛信達教育印務有限責任公司
開　　本　880mm × 1230mm　1/16
印　　張　18.5
字　　數　240 千
版　　次　2025 年 8 月第 1 版
印　　次　2025 年 8 月第 1 次印刷
印　　數　1—1000 册
書　　號　ISBN 978-7-204-18446-0
定　　價　155.00 元

如出現印裝質量問題，請與我社聯繫。聯繫電話：(0471)3946120

編纂委員會

引言

千古河流成沃野，幾年沙勢自風湍。

得益于黄河冲積所帶來的疏松土質和有機物，中華先民利用石製工具開始了農業生産，并逐步發展出旱地粟作農業，『能够最大程度保障食物供給的穩定性，奠定了中華文明起源和形成的堅實基礎』〔一〕。而利用河水灌溉，提高區域可預測農業産量，『在産業史上起着最有决定性的作用』〔二〕。隨後，技術進步、經濟發展、人口增加，讓先民的文化生活大爲豐富。嚴文明先生評價道：『這是一場影響深遠的革命。』〔三〕在這場革命中，平衡水、沙、産、人四者之間的關係，始終是黄河治理的核心問題。四者關係一旦失衡，就容易引發諸多灾患。

歷史上，黄河下游因人口稠密、經濟發達，一直是學術界關注的重點。但自河源至今内蒙古托克托縣河口鎮的黄河上、中游區域，雖遠離王畿，人口稀疏，却也一直備受關注，人們逐步認識到黄河全流域治理是國家的重要任務。《漢書》載：『堤防之作，近起戰國，雍防百川，各以自利。』〔四〕没有全流域的協同治理，僅靠各地分段築堤，則黄河河患無法解决。秦建立了中國歷史上第一個中央集權大一統王朝，秦始皇東巡碣石，刻石銘記『决通川防，夷去險阻』〔五〕，開啓中央政府調動各要素治黄之先河，這『在中國，實質上是國家的一種職能』〔六〕。同時，國家通過對黄河的有效治理，爲沿黄流域人民群衆乃至其他地區人民群衆提供了重要的公共物品和産業支撑，成爲人民群衆眼中中央政府的功過評價指標之一。因此，治黄在增强沿黄各族群國家、政治、文化認同的基礎上，强化了中國大一統國家的合法性，成爲歷代國家治理能力的一個重要測度。

一、黄河治理維護了國家的社會穩定

從秦并六國到漢朝建立大一統國家，中國統一的多民族國家形成并得到初步發展。當時中央政府對所轄疆域有『北邊郡』和『内郡』之稱。内蒙古額濟納旗出土的居延漢簡有載，『豤（墾）田以鐵器爲本北邊郡毋鐵官印器内郡令郡以時博賣予細民毋令豪富吏民得多取販賣細民』，可以看出北邊郡是與内郡相對應的行政管轄區域。《史記》卷二十八『封禪書第六』載：『上乃遂去，並（并）海上，北至碣石，巡自遼西，歷北邊至九原。』〔七〕。《史記》卷三十『平準書第八』載：『天子北至朔方，東到太山，巡海上，並（并）北邊以歸。』〔八〕司馬遷多次提及北邊，足見統治者對北邊治理的重視。

漢武帝時，齊人延年提出從今内蒙古引黄河水經今北京一帶，向東注入渤海，以衛北部邊疆。『是時方事匈奴，興功利，言便宜者甚衆。齊人延年上書言：「河出昆侖，經中國，注勃海，是其地勢西北高而東南下也。可案圖書，觀地形，令水工準高下，開大河上領，出之胡中，東注之海。如此，關東長無水災（灾），北邊不憂匈奴，可以省隄（堤）防備塞，士卒轉輸，胡寇侵盗（盜），覆軍殺將，暴骨原野之患。天下常備匈奴而不憂百越者，以其水絶壤斷也。此功壹（一）成，萬世大利。」』[九]《史記》卷二十四『樂書第二』載：『天馬來兮從西極，經萬里兮歸有德。承靈威兮降外國，涉流沙兮四夷服。』[十]如今，包頭地區出土了『四夷盡服』瓦當，出土文物與傳世文獻的呼應，成爲黄河治理維護祖國北部邊疆穩定的見證。

《史記》卷三十『平準書第八』載：『嚴助、朱買臣等招來東甌，事兩越，江淮之閒（間）蕭然煩費矣。唐蒙、司馬相如開路西南夷，鑿山通道千餘里，以廣巴蜀，巴蜀之民罷焉。彭吳（吴）賈滅朝鮮，置滄海之郡，則燕齊之閒（間）靡然發動。及王恢設謀馬邑，匈奴絶和親，侵擾北邊，兵連而不解，天下苦其勞，而干戈日滋。』[十一]清代《汾陽縣志》卷十三『藝文』收録曹學閔《開修黄蘆嶺車路紀德政碑記》，上載：『永寧州，界連西陲，北達邊外歸綏諸路，商賈遠貿粟麥，泛皮貂隨黄流南下，聚于州西磧口，一府之民仰利賴焉。而東至太原，南抵平陽，州縣凡二十餘，亦視汾爲橐鑰，蓋所繫非特一方生計矣。』[十二]民國時期，東北淪陷後，開發西北刻不容緩，而『黄河中游之水利，自應加以擴充及整理，藉（借）收桑榆之效，以挽狂瀾於（于）萬一』[十三]。

因黄河流域自然條件優越，歷朝歷代都十分重視對此地的開發，通過强有力的國家干預方式推動各類産業的發展，爲中國北部疆域的形成和社會穩定奠定了基礎。

二、民族交往、物資交流、技術轉移促成黄河治理共同體

《史記》卷十五『六國年表第三』載：秦始皇三十三年（前214），『築長城河上，蒙恬將三十萬』〔十四〕。這數十萬人中，擁有一技之長的人員不在少數。由此，邊地人口不斷增多，而豐富的物産則促進了商品交流與統一市場的形成。西漢《鹽鐵論·力耕第二》記録了『异物内流』的情形：『是以贏（騾）驢馲駞（駝），銜尾入塞，驒騱騵馬，盡爲我畜，鼲鼦狐貉，采旃文罽，充於（于）内府，而璧玉珊瑚瑠（琉）璃，咸爲國之寶。』〔十五〕此後，黄河北岸的『贏（騾）驢馲駞（駝）』『驒騱騵馬』『鼲鼦狐貉』『采旃文罽』與西南織錦、中原麻織、農作物等物資相互交流，逐步形成統一的國内大市場，加强了邊疆與其他地區的經濟聯繫，促進了邊疆特色産業的發展。

隨着民族交往交流交融的增强，清代以降，黄河流域内蒙古段輸入到内地的也不僅僅是『异寶』了。《綏遠通志稿·水路》載：『自乾隆以還。口外墾殖日廣。民殷物阜。出境之油、糧、鹽、鹼（碱）、甘草各貨。入境之日用雜貨。山西與歸綏往來之商運。凡經河路者皆以托屬河口爲唯一之碼頭。』〔十六〕從清乾隆年間到民國時期，由内蒙古經黄河運到山西的貨物有糧、油、鹽、碱、藥材、皮毛等，其中以糧油爲最大宗。糧食品種主要有糜黍、穀子、高粱、豆類及玉米、大小麥

等，油料主要是胡麻。内蒙古供貨支綫有從阿拉善盟阿拉善左旗吉蘭泰鹽池到山西吕梁市磧口鎮的運鹽駝路，五原縣、臨河區一帶各大幹渠的運糧水道，杭錦旗、達拉特旗的甘草馱運綫，鄂托克旗的運碱駝路。内蒙古段各條支綫以供貨爲主，山西段若干支綫以運銷爲主。

《臨縣志》載：『清朝乾隆至民國年間，陝、甘、綏、蒙等地的物資，通過此航綫運達磧口，再用牲口馱運到離石、吴城，轉運至東路（汾、平、介、孝等縣）。據民國 20 年（1931）統計，每年從綏遠磴口航至磧口的貨船不下 4000 餘艘』，『是陝、甘、綏、寧與晋西北物資集散之重鎮』。[十七]可見，内蒙古在甘肅、寧夏與陝西、山西等沿黄上下游物資交易中起到了重要的聯結作用；同時也吸引了山西、陝北、河北、山東、甘肅等地的農民遷移至此，并將開渠打壩、引水澆地等農業生産技術、手工技術和商業貿易經營方式帶到這裏。他們在此扎根，除了從事農業生産外，還挖甘草、下窑背炭、在黄河上拉船、在沙漠中拉駱駝、打短工放冬羊、開碾磨油坊，等等。不同地域、不同民族的人們合力修築河渠、引水興業，逐漸形成休戚與共的共同體。其間積纍的産品交易、商業管理、社會治理等方面的經驗，在今天依然有借鑒意義。

清代『首重治河，探河源以窮水患』[十八]，但更深層次的考量是『宣揚大一統及增强國家認同』[十九]。黄河流域人口基數大、分布廣，而全流域治理理念將不同地區、不同民族的人們凝聚成命運共同體，而『大一統』理念正是這一治理實踐的核心主題。

三、黄河流域拓展了中國的發展空間

早期統治者因巡幸及邊防建設所需，統籌管理沿黄河運與秦直道等沿黄馬道，維持着中央政府對北邊的有效治理。河套平原引黄渠道的建設爲秦漢王朝屯田事業提供了基本的水利保證，并將這些區域變成防禦北部邊患的大後方與根據地。于是，沿黄馬道、沿黄河運與萬里茶道、草原絲路等陸路運輸聯通起來，促進了中華文明與其他文明的交流互鑒，拓展了新的發展空間。

新中國成立之後，沿黄各族兒女在中國共産黨的領導下團結合作、艱苦奮鬥，實現了大河安瀾。黄河流域建立起行之有效的防洪抗汛機制，支撑着沿岸的産業發展，改善了周邊生態環境。當代治黄史證明，正是由于中國共産黨的正確領導以及集中力量辦大事的制度優勢，纔從根本上減輕了河患的威脅。進入新時代，黄河流域在築牢安瀾根基的同時，以蓬勃活力拓展着中國的發展空間。沿黄九省區在協同發展中不斷釋放潛力，讓黄河流域成爲國家區域協調發展戰略中不可或缺的重要一極，爲中國的發展源源不斷地注入新動能。

綜上所述，黄河流域的治理不是單純的河道治理、生態環境治理或社會治理，而是一種關涉水、沙、産、人四者關係的系統性、協同性治理，是推動國家可持續發展的動力，也是厘清國家治理與邊疆治理兩者動態交互實際效果的絶佳視角。而黄河工程等『中國本土理論資源、學術積纍』〔二十〕，有助于研究國家治理的演進歷程。進入新時代，黃河治理與國家治理的關係研究不斷開闢新視角、持續涌現新成果，其中鑄牢中華民族共同體意識、邊疆治理與黃河流域生態保護和高質量發展成爲非常重要的研究視角。因此，基于這一角度搜集整理黃河國家治理文獻，意義重大。《黃河國家治理文獻集成》，應運而生。

本叢書系統梳理了黃河治理的歷史脉絡與經驗，既爲新時代黃河流域生態保護和高質量發展提供了歷史鏡鑒，更以文獻爲載體，傳承了治理智慧、凝聚了民族力量，是服務國家發展戰略、鑄牢中華民族共同體意識的重要學術實踐。

《黃河國家治理文獻集成》編委會

二〇二五年一月

〔一〕韓建業：《中華文明的起源和形成》，載《中華民族共同體研究》2022年第4期，第80-91+172頁。

〔二〕中共中央馬克思恩格斯列寧斯大林著作編譯局：《馬克思恩格斯選集》第二卷，人民出版社，2014年，第240頁。

〔三〕嚴文明：《黃河流域文明的發祥與發展》，載《華夏考古》1997年第1期，第49-54+113頁。

〔四〕（漢）班固：《漢書》卷二十九「溝洫志第九」，中華書局，1964年，第1692頁。

〔五〕（漢）司馬遷：《史記》卷六「秦始皇本紀第六」，中華書局，1963年，第252頁。

〔六〕冀朝鼎：《中國歷史上的基本經濟區與水利事業的發展》，朱詩鰲譯，中國社會科學出版社，1981年，第7頁。

〔七〕（漢）司馬遷：《史記》卷二十八「封禪書第六」，中華書局，1963年，第1398-1399頁。

〔八〕（漢）司馬遷：《史記》卷三十「平準書第八」，中華書局，1963年，第1441頁。

〔九〕（漢）班固：《漢書》卷二十九「溝洫志第九」，中華書局，1964年，第1686頁。

〔十〕（漢）司馬遷：《史記》卷二十四「樂書第二」，中華書局，1963年，第1178頁。

〔十一〕（漢）司馬遷：《史記》卷三十「平準書第八」，中華書局，1963年，第1420-1421頁。

〔十二〕（清）方家駒修，（清）王文員纂：《汾陽縣志》卷十三「藝文」，清光緒十年刻本，第57-58頁。

〔十三〕王華棠、劉錫彤、吳樹德：《黃河中游調查報告》，華北水利委員會編印，1934年，第1頁。

〔十四〕（漢）司馬遷：《史記》卷十五「六國年表第三」，中華書局，1963年，第758頁。

〔十五〕王利器：《鹽鐵論校注》，中華書局，1992年，第28頁。

〔十六〕綏遠通志館：《綏遠通志稿》第十冊，內蒙古人民出版社，2007年，第176頁。

〔十七〕臨縣志編纂委員會：《臨縣志》，海潮出版社，1994年，第273、321頁。

〔十八〕趙爾巽等：《清史稿》卷一二六「河渠一」，中華書局，1977年，第3715頁。

〔十九〕劉惠：《乾隆朝重構黃河河源的實踐與國家認同》，載《清華大學學報（哲學社會科學版）》2018年2期，第147-154+195頁。

〔二十〕許耀桐：《當代中國「治理」概念的演進探析》，載《國家現代化建設研究》2023年3期，第100-111頁。

出版前言

黄河，中華民族的母親河，她不僅孕育了中華文明，更見證了中華民族數千年的發展歷程。習近平總書記深刻指出：『從某種意義上講，中華民族治理黄河的歷史也是一部治國史。』這一重要論述，爲新時代黄河文化的保護傳承以及流域治理提供了根本遵循，也深刻揭示了黄河治理在國家發展和民族復興進程中的核心地位。在學習貫徹習近平新時代中國特色社會主義思想，積極響應國家黄河流域生態保護和高質量發展重大戰略，大力推進北疆文化建設的背景下，《黄河國家治理文獻集成》的編纂出版，具有重要的歷史意義、學術價值與現實指導意義。

黄河治理，自古以來就是國家的頭等大事。從遠古時期大禹治水，到當代運用科學技術進行系統治理，中華民族在數千年的時間裏，積纍了豐富的治河經驗，留下了浩如烟海的文獻遺産。《黄河國家治理文獻集成》收録了元代至民國時期古籍、朱批奏摺、期刊圖片等多模態文獻資源。這些文獻内容豐富、維度多元，既包含記載河工技術、治理方略等的專書，又有漢文朱批奏摺、工程檔案以及不同區域的調查研究報告等。民國時期的文獻則標志着現代水利科學開始融入黄河治理，展現了我國水利事業在時代變革中的創新與發展。近代照片的收録則以更加直觀的方式將黄河治理、黄河沿岸的風貌呈現給讀者。

該文獻的出版，不僅是對瀕危黄河文化遺産的及時搶救與保護，更是對我國水利史、國家治理史、邊疆治理研究學術鏈條的重要補充，具有較高的文獻價值和學術意義。尤爲重要的是，這一集成工作，深度契合鑄牢中華民族共同體意識這一全黨全國各族人民的共同任務。各民族在治理黄河的歷史進程中，緊密協作、共同探索，這些珍貴文獻便是各民族交往交流交融和中華文明認同的生動見證。對這些文獻進行整理出版，能够讓各族人民更加深刻地認識到，在歷史長河中，各民族共同爲黄河治理貢獻了力量，共同守護了家園，從而進一步增强對中華民族共同體的認同感與歸屬感，夯實鑄牢中華民族共同體意識的歷史根基。

《黄河國家治理文獻集成》以『國家治理』爲核心綫索，構建起一個全面、系統、多維的文獻體系：在時間跨度上，聚焦從元代至民國這一傳統治河向現代水利轉型的歷史時期，爲深入研究我國水利事業的發展脉絡提供了清晰的時間坐標；在内容分類上，細緻劃分爲技術專著、工程檔案、區域研究、朱批奏摺、科學報告、圖片等類别，涵蓋黄河治理的各個方面，從不同角度展現了我國在黄河治理上的探索與實踐；在版本選擇上，秉持嚴謹、科學的態度，確保文獻内容的準確性與代表性，爲學術研究奠定堅實基礎。

在編纂過程中，叢書特别注重『全流域治理』的理念，不僅收録了有關下游防洪治河的重要文獻，還涵蓋了中游地區水土保持以及上游地區灌溉開發等方面的珍貴記載。這種對黄河全流域治理的全方位關注，與當前『共同抓好大保護，協同推進大治理』的要求高度契合，充分體現了叢書在傳承歷史文化遺産的同時，緊密服務于當代國家發展戰略的時代價值。

在出版過程中，嚴格保持原書的版式與行款，最大程度地還原文獻原貌。對于部分出現黴變、殘缺的頁面，運用先進的數字化修復技術進行精心處理，在保留原始批注與印章痕迹的基礎上，兼顧了文物的真實性與文獻的可讀性。

此外，爲了更好地服務讀者，方便學術研究，本叢書新增了目録、提要等内容，這些新增部分由編委會精心撰寫。新增目録一般編製二級，個别圖書編製三級；原書有目録而内文無對應標題的，根據原書目録照録；原書目録爲關鍵詞或者其他情况的不編製目録；原書目録與内文不一致的，以原書内文爲準；原書無目録的，按卷端、版心或其他部分輯録；一册書中收録多種圖書的，以書名爲一級標題，編製二或三級。在文字使用上，統一使用現代漢語規範繁體字，對于原版文獻中的异體字、避諱字也使用現代規範繁體字，無對應規範繁體字的保留原字。

《黄河國家治理文獻集成》的出版，是對黄河文化遺産的一次系統性、搶救性保護，具有重大而深遠的現實意義：從學術價值層面來看，叢書成功構建起一座連接傳統與現代治黄文獻的橋梁，爲黄河流域生態保護、水利工程史、國家治理史、邊疆治理、中華民族共同體學等多個領域的學術研究提供了豐富、翔實的基礎文獻，有力推動了相關學科的發展與創新；從文化價值角度而言，生動展現了北疆文化與黄河文化在歷史長河中的交融共生，爲内蒙古『北疆文化』品牌建設提供了堅實的文獻支撑，進一步豐富了中華文化的内涵與外延；從實踐價值方面考量，書中所蕴含的治河理念爲我們在新時代背景下實現人與自然和諧共生、推動黄河流域可持續發展提供了寶貴的歷史經驗與智慧啓示。

在此，我們要衷心感謝各藏書機構的大力支持，正是他們提供了珍貴底本資源，纔使得本叢書的編纂出版成爲可能。同時，我們也要向文化遺産智能應用服務中華民族共同體建設『英才與蒙』團隊致以崇高的敬意，他們歷經五年的辛勤耕耘，以嚴謹的治學態度和專業的學術素養，對文獻進行了系統的整理和輯録，爲叢書的内容質量提供了堅實保障。此外，我們還要特别感謝内蒙古自治區黨委宣傳部、内蒙古出版集團將本叢書納入『北疆文庫』重點項目，并在出版過程中給予全方位支持與幫助。

我們衷心期待，這套凝聚着無數心血與智慧的《黄河國家治理文獻集成》，能够在新時代的『黄河大合唱』中奏響歷史的强音，爲黄河流域生態保護和高質量發展注入强大的歷史動力，讓黄河文化在保護中傳承，在傳承中創新，在創新中不斷發展，綻放出更加絢爛的光彩。同時，希望這套叢書能够成爲促進各民族文化交流、鑄牢中華民族共同體意識的重要載體，助力各民族更加緊密地團結在一起，共同爲實現中華民族偉大復興的中國夢而努力奮鬥，讓中華民族共同體意識在黄河文化的滋養下，扎根于每一位中華兒女的心中，成爲推動中華民族不斷前進的强大精神力量。

提要

黃河石頭莊馮樓堵口工程實録

《黃河石頭莊馮樓堵口工程實録》由宋希尚（1896—1982）著，1935年出版。宋希尚，字達庵。該書詳細記録了黃河石頭莊、馮樓堵口工程的實施經過，卷末附圖表、照片等檔案資料。本書總結的治黃經驗有：透水壩適宜于黃河堵口，墜石柳壩有助于挑水，引河工程等，供後人參考。

本次出版采用1935年鉛印本。

黃河富源之利用

《黃河富源之利用》，崔士杰（1888—1970）著。崔士杰，字景三，山東臨淄人。該書是一部關于黃河資源開發與利用的著作，强調黃河資源的綜合開發，主要圍繞黃河的『富源』展開，詳細分析了黃河的水力、航運、灌溉、漁業等多方面的資源價值，并提出了相應的開發利用方案。該書不僅總結了歷史上黃河治理的經驗教訓，還結合當時的科技水準和社會需求，提出了許多創新性的見解和措施。

本次出版采用 1935 年鉛印本。

目録

黃河石頭莊馮樓堵口工程實録

黃河富源之利用

黄河堵口工程實録

茭楗宣勤

汪兆銘

序

民國二十二年夏秋之間，涇渭暴漲，黃河大溢。陝州水文站實測黃流，超越已往最鉅洪量倍餘。八月溫縣蘭封考城東明長垣等縣潰決至五十餘處。其時開封震危，徐沛告急，大河南北，運堤金堤之內，俱氾濫無遺。人民生命財產漂泊蕩毀，損失最鉅。詳見黃河水利委員會之黃災統計表。國民政府迅謀救濟，設立黃河水災救濟委員會。於賑災救生而外，兼事工賑司防堵。派予爲總工程師，予適病未能與，推宋達庵以自代。豫冀之間分三區；各設一工程處。於是分段堵築，以工地情形之相殊，工各異規。而決口最鉅，工程最艱者，實惟石頭莊一處。蓋自其他各處斷流之後，斯口實奪全河。向來堵口墨守成法，而此次則以透水柳壩引淤，壩之所至，淤即隨之；其勢甚順。蓋黃河含淤之富，實有利於此項工作者也。時任其工者達庵總其成而外，爲河北省河務局局長孫慶澤及工程師齊子仁。三人合謀僉同，施用新法而不疑不阻，得抵於成，使後此之人，知進占合龍而外，尚有其他塞堵之法焉，不可謂非河工之一進展也。達庵功成身退，尤見勇決。於是彙集其經過事實，成爲一篇，以資參考。余未能與其勞而樂爲之序。民國二十四年二月二十日李儀祉

自序

客歲黃河決口五十餘處,氾濫豫冀魯三省,民大患之。中央乃組織黃河水災救濟委員會,以治工振災振事,用黃河水利委員會委員長李儀祉爲總工程師,主持堵口工程,適以疾未能至,囑希尚代其事,辭不獲已,遙赴工次,規畫經營,惟力是視,不半載而工蕆。堵口工程,種類滋繁,且黃河水性,特異羣流,溢溢淫漫之地,倉促鞅掌之際,環境急迫,若解倒懸,因應取舍,何者爲宜,往往與三五同人,計慮終宵,忘寢廢餐,卒賴上下和衷,內外共濟,協力勷助,辛勞勿怨,凡所措施,差幸有效。河患頻仍,澹災弭患,端賴治本。此次堵口工程,補苴罅漏,則非一勞永逸之計。爰就實際經過,摭集成册,顏曰黃河堵口實錄。茲應中國水利工程學會之約,先將石頭莊馮樓部份付梓,以供防堵之參考。尚望海內專家,加以指正,不勝欽企! 宋希尚

目次

A 決口經過

河北省大堤在南岸者,自豫冀交界之婁塞起,經長桓,東明,濮陽而至冀魯交界之劉莊止計長六十餘公里;北堤自長桓大車集接築舊太

附圖一(甲) 石頭莊馮樓決口圖

附圖一（乙）

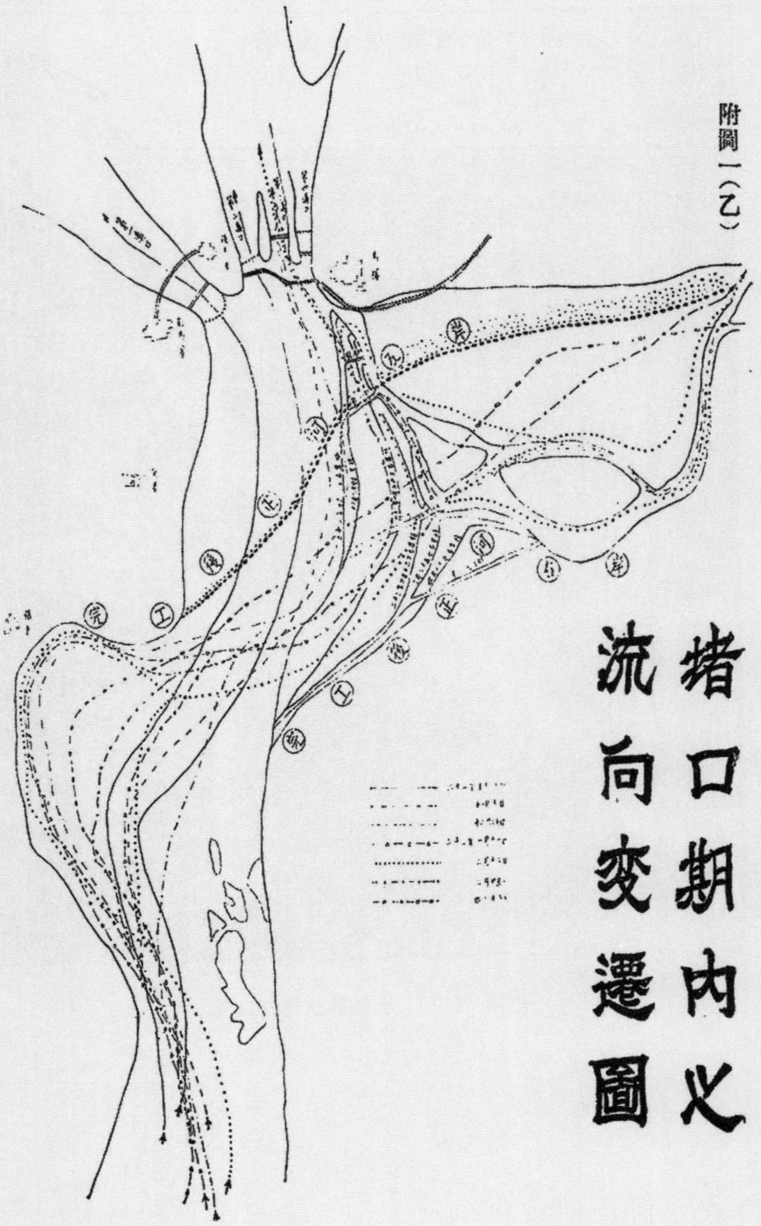

堵口期內乂流向變遷圖

河北省長垣縣馮樓黃河堵口工程做工前河形沙圖

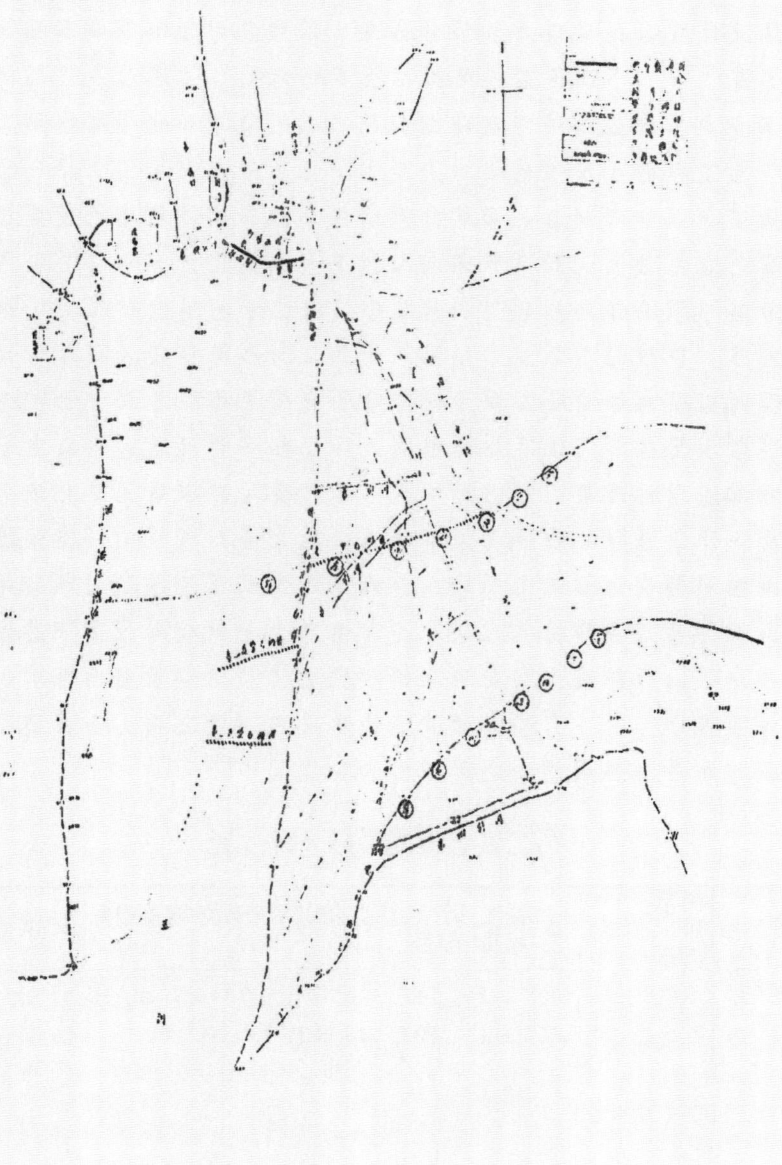

行堤，經河南滑縣河北濮陽，山東濮縣至耿密城止，計長九十二公里。此次決口，爲數最多，災情最重，工程最巨。南岸決口，爲長垣縣之小龐莊，已列入第三區工作範圍，其在北岸者，亦爲長垣境內，共計決口三十處。查該大堤原爲民埝，歷年加高培厚，迨至民國七年，始收歸官守。二十二年八月三日晨，李石頭莊爲匪所佔，因民團追擊甚急，遂有掘堤拒捕之舉；聞初掘時僅二小口，各寬數尺，流水不多，經六七日方達濮陽。當經河北省黃河河務局設法搶堵，費時六日，已堵合一口。正在繼續進行第二口之堵塞工程，而十日午夜陝水大至，十一日正午水又續漲。北岸一帶，本非險工，十數年來未遇災警，故民衆毫無準備。當時不獨李石頭莊堤上匪掘之堤盡量擴大，即自石頭莊以西至大車集，在此三十一公里內，大堤漫溢，冲刷成口，竟多至三十處。其中以第二十七第二十八號（即李石頭莊）口門，過水最多，尤以第三十號口門，形勢險惡，大有奪溜改道之傾向。加以太行殘堤，尤較大堤卑矮，順流而下，復泛濫四十餘里。按當時最高水面，高出大堤半公尺，超出太行堤約一公尺餘，居建瓴之勢，奔騰直瀉，附近村落，頃刻間坍毀殆盡。水退之後，又多埋陷泥中，狂流奔放，未及一日，即過滑縣，濮陽，入山東境，循金堤之南，經濮縣，滑縣，壽張，陽穀，至陶城埠，然後仍歸正河，如此三百六十里，頓成爲改道之局勢矣。此次長垣受災，共八百餘村，其未被水冲者，僅二十七村。濮陽雖居下游，然被淹者亦在六百村以上。河南省之滑縣，則尤較甚於濮陽。而山東境內，雖大堤因防守得力，未有損害，然其受他省決口下注之損失，亦慘遭同等災難，茲將各縣各項損失之可統計者，列表如下：

第二區各縣受災損失統計表

縣名	被災面積（方里）	被災人口	淹沒村莊	傷亡人數	房屋損失（間）	田禾被淹（畝）	牲畜損失（頭）	合計損失
長垣	2,718	268,910	773	1,100	496,375	1,100,000	42,120	37,209,300
濮陽	3,000	261,000	600	500	260,000	1,000,000		39,000,000

范縣	553	65,748	252					4,320,000
壽張	537	106,000	380					6,400,000
陽穀	167	37,300	160					1,300,000
東阿	1,300	81,680	203	3	6,175	242,200		1,658,000
濮縣	680	48,578	370	28	158,950	279,500		720,190
滑縣	5,000	290,172		9,907	458,023	1,290,000	15,000	29,900,000
總計	13,955	1,159,388	2,738	11,538	1,379,523	3,911,700	57,120	120,507,490

B 堵口計畫

第三十號决口位於石頭莊,計寬三百二十五公尺,平均深約六公尺,流速每秒約三公尺。不特在河北省爲最大之决口,亦卽爲二十二年黃河决口中之首屈。水流自馮樓邊起,直奔石頭莊,香亭,由此轉東,流入魯境,至陶城埠復歸納於黃河。水道既順,河床又低,已成天然自闢良好之出路。照形勢而言:欲從事堵塞,挽入故道,非從臨河溝口馮樓一帶着手不爲功(見附圖一);幷須儘量就地取材,利用黃河特殊水性,採用緩殺流勢,逭水歸槽,促進沉澱爲設計之方針。查馮樓與石頭莊,香亭相去各約十里。如馮樓之流可斷,則石頭莊與香亭之口門,來源既絕,不斷自斷,堵口勢必易於反掌。鑒於歷來堵口工程,均在大堤决口本身場所,從事修復,工難費鉅,如鄭工,濮工,可爲殷鑒!爲便利施工,及收速効起見,决定暫先放棄决口所在之石頭莊與香亭,而注全力於水之來路,卽馮樓溝口之斷流工作。按馮樓進水之處,河岸决口,又分爲四溝:

第一溝　在前馬寨後馬寨之間,

第二溝　在前馬寨與前窰頭之間,

第三溝　在前窰頭與後窰頭之間,

第四溝　在後窰頭與馮樓之間。

四溝分道北注,橫流瀾漫,除第一口之水,大部流向香亭,第二十七號口門,中分一汊,倂流而至第三十號口門外,餘均匯集石頭莊,一瀉而下。第一，第二，第四溝口，當大水退後，利用水中樹木，并加掛柳枝，橫斷溝身，水受柳樹及其枝葉之阻，均落淤沉澱，不久三口即因以斷流，且已淤高與地平相去不過半公尺。足證黃河挾帶泥沙之多，及其沉澱變化之速。堵口計劃，如能利用此種天然物質，應付得宜，勢必易收成效。惟第三溝口介於前後壩頭之間，大溜直沖。據十一月十一日口門測量報告：寬為一百六十公尺，深為十四公尺半，流速每秒在 4.7 公尺，擬定工程計劃如次：

（一） 挑水壩工程

水溜既直沖第三溝口，自宜設法挑溜，使之東移，尤望轉入原有正

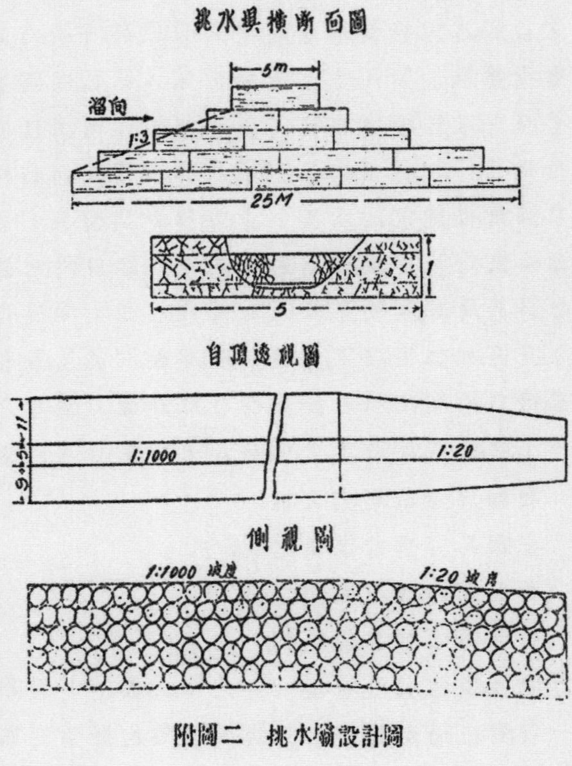

附圖二 挑水壩設計圖

泓,以便刷深,歸納舊槽。擬在馮樓及前簽頭,後簽頭三處,向溜建築挑水壩三座;又在前簽頭之角,建築第四第五兩座,用以迫溜趨中,障水東下,共計五座。壩與流之方向,約成一百度左右之鈍角,坡度之在壩頂者,爲千分之一,在迎溜方面,爲一比二,背溜方面,爲一比三;前端爲百分之五。壩以柳捆,內實塊石,或磚或蔴袋,儲土爲之,其長度方位,視形勢與溜向而定,高度則初步暫定爲三公尺(見附圖二)。

(二)護岸工程

挑水壩功用在挑溜,乃直接與水相爭,其兩旁壩根,勢必受激烈之衝齧。故護岸工程,不獨極爲重要,且須能堅實應敵。第一第二第三壩地方,沿岸一帶,水深尚在十公尺左右,如採用河工習用之掛柳護灘方法,對此深水之坡岸,似不適宜,故有護岸工程之設計,詳見附圖三。

(三)引河工程

正泓南岸淤灘,向北日漸伸漲,以致溜入溝口,形勢順利,而正泓日狹,較之馮樓第三口門,寬僅什之一耳!急溜挽回,尤感困難,擬在南岸淤灘中,自西而東開挖引河四道,目的在吸引流向,減輕口門溜勢,爲將來堵塞口門時人造之出路。故與對岸第四第五兩座挑水壩,其地位方向,與引河實有彼此呼應之必要,如能挑溜達於引河,則影響所及,當可事半功倍也。計第一引河長六百公尺,約計土方九千七百方;第二引河長六百九十二公尺,約計土方一萬四千方,深二・三公尺;第二第四引河則俟第一第二開成過水後,視其影響,再行酌定續開之。

(四)鞏固工程

第一第二第四溝口,自採用掛柳落淤辦法後,成效大著。自動淤墊之高,已與地平。爲避免水溜,再有改向之危險,或發生意外變化,擬施築鞏固工程。即在各口門適當高岸,橫溝興築,底鋪厚二十五公分之柴排,

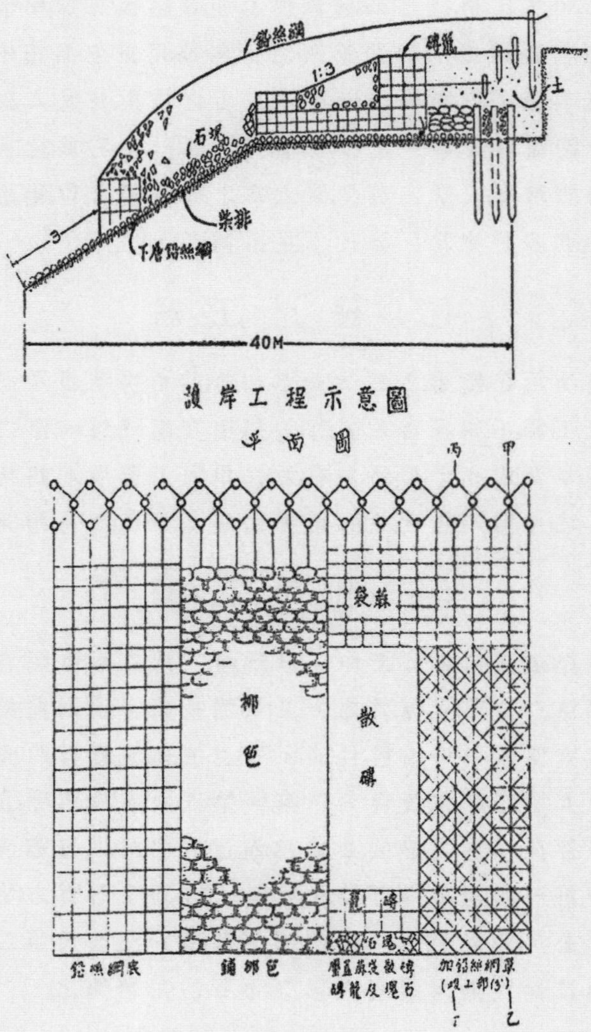

附圖三　護岸工程設計圖

中疊三公尺高二公尺寬之磚籠（即以磚疊成外用鉛絲爲籠束之），溜向鋪石成一比三之坡，內坡實以土袋，爲一比二，此項工程高度，較歷年凌汛時所抬高之水位，又高出一公尺（見附圖四）。

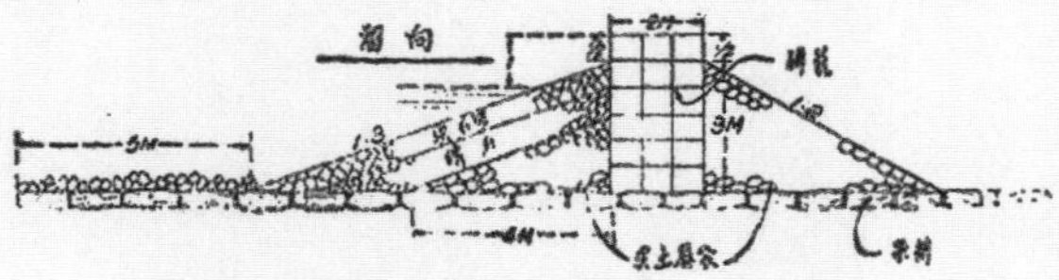

附圖四　溝口鞏固工程標準設計圖

(五)　第三溝口截流工程

照目前形勢,第三口門在前後壩頭之間;雖兩岸相去約一百六十公尺,然水深至十四公尺有半,流速爲四·七公尺,斷流工程之艱險,自不待言。挑水壩工程,用以迫流變向,均在口門之外。同時擬在口門之內相距二公里官路張一帶,水流較緩之處,再行試用掛柳落淤之法,以觀成効。惟據十一月五日實測,河中含沙量已減少至百分之一·五,河深之在該段,又在八·四公尺左右,霜降已屆,柳葉凋零,已非昔比!然就地取材,工料較省,爲有益無損之工作無疑。同時加緊興築第三挑水壩,如能與水中島樹相接,迫流外向,則由島樹至馮樓間,自必深有把握,斷流工程,擬採用柴排作底,簽打長樁兩排,樁前沉放柴排一層,上壓磚石,每沉柴排一層,復壓磚石,層層平鋪,漸漸加高,避免水力集中,失其平衡,採用宮家壩堵口成例,較爲穩妥也(見附圖五)。

C　施工程序及預算

根據以上各項工程之性質,視其緩急輕重,擬定工作程序如次:

第一步工作

(1) 先築第一,第二,第三挑水壩起點處之護岸工程,
(2) 同時修築第一座挑水壩,
(3) 推進引河工程至第四道止,開放時日,則臨時酌定之;
(4) 興築第一口門之鞏固工作。

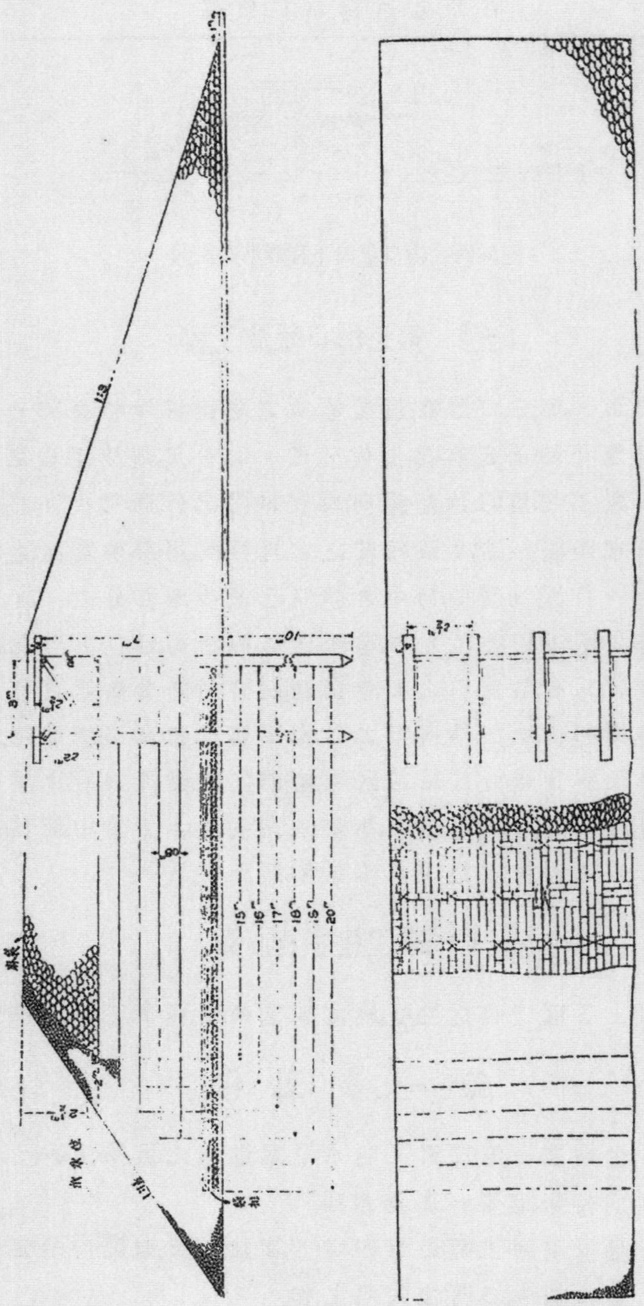

附圖五　第三溝口裁流壩設計圖

第二步工作

（5）在官路張附近，興築掛柳落淤工程；

（6）修第二，第三座挑水壩

（7）興築第二，四口門之鞏固工程；

（8）第三座挑水壩如能接長，與島樹相連後，即可繼續進行截流壩，若仍有增修挑水壩之必要，即進築第四第五兩座；

（9）完成各處應築子埝工程。

第三步工作

（10）完成島樹與馮樓間之截流壩，

（11）如環境需要，增加引河及挑水壩工程。

根據以上各項工程之佈置，擬定材料預算表及經費總預算表如次；

二區堵口工程材料預算表

項別	堵築一二四潰口	挑水壩（總長一千公尺）	護岸工程（長三百公尺）	堵築第三號潰口	引河	修堵一號至三十號堤工	子埝及其他土工	合計數量	價值
柳枝（斤）	1,700,000	3,000,000	1 200,000	2,700.000				8,600,000（每百斤四角）	34,400
塊石（市方）	1,800	500	2,150	[illegible],200				8,650（每方二十元）	260,000
磚（塊）	1,920,000			6,720,000				8,640,000（每千塊十六元）	138,000
土方（市方）					15,000（每方八角）	140,000（每方六角）	7.000（每方六角）	225,000	138,000
鉛絲（噸）	40	30	45	15				130（每噸四百元）	52,000
蔴袋（只）	180,000	90,000		130,000				400,000（每只連袋工三角）	120,000
工（日計）	15,000	35,(00	75.000	25,000				150,000 每日三角五分）	52,500
總價值（元）									794,900

二區堵口工程經費總預算表

項　　別	價　　值	附　　註
材料預算總値	七九四，九〇〇	按黃河水性，日有變遷，應用材料數量，實難確定。本預算係就目前水流及實地狀況估算。施工時如有特殊變遷，則隨時有增減之必要。如挑水壩高度暫定三公尺，長度二百公尺計算，將來形勢是否改善，卽須隨時增減之。
施工應用木料	四〇，〇〇〇	
機件工具及零件	五〇，〇〇〇	
運　輸　費	三〇，〇〇〇	
管　理　費	三六，〇〇〇	
意外費二成	一八〇，〇〇〇	
合　　計	一，一三〇，九〇〇	

D　施工經過

十月下旬，水位益覺低落，自第一號至二十六號，二十八號，二十九號等決口次第漸見涸乾，或僅剩停瀦積水，然皆一律不再過水。故於馮樓開始堵口工作之前，卽由河務局着手進行各口之修復。爲便利指揮起見，設立大車集，香里張兩分段事務所，仍由河務局原駐地之段長兼充。大車集段管轄第一號至第十五號決口，香里張段管轄其餘各決口。土方單價自四角起至五角五分止，視取土之遠近，分別酌定；取土在一百公尺以外者，大車集段每方加洋三分五厘，香里張段每方加洋五分。硪工則以點工任之，照章施行。查該處決口，因堤低水高漫溢所致，故其上下一帶，數里之間，均成漫灘，全屬細沙，欲求較好土質，勢實困難。原擬俟將來善後工程全部加高培厚之時，再行統籌取土之法。總計兩段取土共爲五〇九七九·二二華方，合洋二五九六三·〇五元。

按照規定計畫，暫先放棄大堤決口所在之修復，而以全力堵塞臨河馮樓之溝口。蓋溝口堵合，卽所以挽水入槽，大堤之口，自不成問題。查馮樓溝口又分爲四。其中以第三溝口奪大溜而下，口門之寬，爲一百六十公尺，水深十四公尺半，洶湧澎湃，工程艱險，不可言喩！第二區工作全部之重心在此。茲依施工順序，工程性質，分述如下：

(一) 緩溜工程

第一，第二，第四溝口，在未堵塞前，水流最旺。當飛機攝取漫决情形時（參閱附圖一），本爲一片汪洋，一似第三溝口。迨至十月下旬，流入香亭之第一溝口，漸見減緩，左岸微露淤灘，最大流速亦僅二公尺。因水中所冲，柳樹横梗甚多，當以時機可乘，即利用此種柳樹及就地柳枝，進行緩溜工程，以冀落淤。緩溜之法，頗爲簡單：用長約二公尺之木樁，插入溝中，隔一二公尺一根，或單排或二排，左右前後繞以鉛絲，以防單獨被水冲去，樁與樁間直插以柳枝，梢向下，幹向上，柳枝間亦以鉛絲分層捆緊，使十分結實，打成一片爲止（見附圖六）。

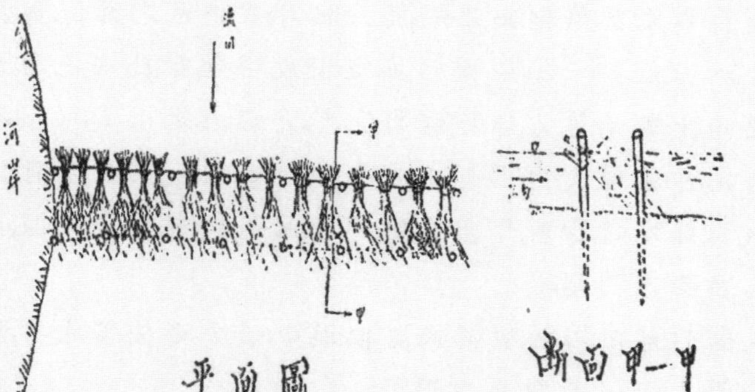

附圖六　緩溜工程示意圖

溝中流水，由上游挾多量泥沙而來，一遇柳枝，雖可透水，但流不暢；所帶泥沙，因之沉澱；泥沙落淤，溝身自然抬高，溝身抬高，流水更形不暢。若是循環進展，溝身上下，逐漸淤塞，溝口一帶，漸漸斷流，其見効也速，其堵合也出於自動（地位見附圖一甲）。查工程委員會會議，原議於第一口，第二口上首，用沉排及片石各築挑水壩一道，計一長九百公尺，一長四百公尺;與溜向成一百零五度角。據十月十六日所測,指定之築壩地點,平均水深約爲三公尺。按最小限度:壩頂寬十公尺,出水一公尺,坡度一比一;則兩壩共長一千三百公尺,需石七萬二千八百公方,或二萬二千二百華方。加以黄河河底土質鬆軟,極易下陷,水流被阻後,爲尋求出路,一部份繞壩側分流,一部份仍淘刷壩底,益增壩身之蟄陷。冀魯兩省,過去數年中所修石壩,因迎溜頂沖,而淘刷下沉深多至十公尺以上者,數見不少由經驗得來,工料須酌加三分之一,爲之準備。如此則兩壩所須塊石約三萬華方,每方以二十六元計,即須七十八萬元。經費之鉅姑不論,若須三萬方塊石運齊,預算時間,必須經年。今此三溝口水文狀態,既自動變佳,實爲良好時機。故決臨時就地取材,設法緩溜。十月三十日第一溝口先行興工。十一月五日七日,第四第二溝口繼之,不數日全部修成,再由第一溝口起,從事加密柳枝,以增落淤効率。十一月九日,第二溝口即自動斷流,離興築之時,僅二日耳!其淤墊之神速,實爲意想所不到!至十一月底第一第四兩口,亦幾淤成平陸。昔日濁浪滔天之香亭口門;今僅用土數千餘方,即可修復完整。天然力之偉大,可以概見!緩溜工作,在含泥沙量極大之黄河中,實有不可思議之成効。約言之:

一、以透水之物料,作阻水之工作,水透泥沉,泥沉水減,具有剛柔並濟之功用;

二、藉自然之力量,使河底普徧淤平,減少斷流後土方,及避免口門上下一帶習見之深潭;

三、落淤斷流,其作用出於自然,不至抬高水位,激成急溜,冲毀兩岸;

四、就地取材,除鉛絲外,所需材料,如柳枝,柳樁,均屬就地廉價之物,輕而易舉;

五、柳料爲當地災民所普有,又不受大水之冲毁,災後孑黎,賣柳亦足以暫資救濟。

自第一第二第四溝口先後自動斷流後,第三溝口因流量集合,溝底不免有淘深之虞。十一月八日,遂亦進行下柳緩溜。初以鉛絲繫豎個柳樹,沉入河中;終因流急,鉛絲不足維繫,僅沉二樹。次日乃調大船五隻,平均列置第三溝口中,以錨定之,次以橫斜鉛絲纜繩,固定船首之位置,並以短纜固定每二船間之距離,再以另一長纜,橫貫船尾,上結網片,以錨纜穿結網上,推置河中;終用柳枝漂流至網,工作頗為順利。共下柳枝八十餘株。惟因當時上游民船一隻,誤入第三溝口,被橫纜所阻,翻沉河中;致橫纜鬆動,岸上用以生根之巨大柳樹,傾墜入河,致無法進行。後復在官路張之處,橫河掛柳,但因冬季枝葉凋零,水中含泥量亦較為少,成効頗減。

(二) 鞏固工程

第一二四溝口自施行緩溜工程,掛柳落泥,淤成平陸後;因慮淤泥新積,究嫌鬆浮,如將來伏汛盛漲時,不免有重行沖毀之可慮。故另築鞏固工程,以資防範。茲分述如次(見附圖一):

第一溝口門

根據當地情形,沿口門淤地,挑築土堤一道長六百六十六公尺,堤頂高出大沽水平面六十七公尺,頂寬八公尺,內外坡均為一比三。動工之時,溝口低窪處尚有積水,即以堆土築堤,自行排洩。為堅實計,每鋪新土一層,打硪數次,共計土方四九一九·四一華方。土方價因取土遠近有別,分八角四角二種。臨河方面,恐將來伏汛漲水時,攔溝截水,堤根或易洗刷,為防護起見,堤根一部份,鑲做蘆葦一層,長約二百公尺,寬約五公尺,高度比堤頂低一公尺。作法用蘆葦為面,每層加土,層叠而上,與舊時鑲埽之作法相同。

第二溝口門

第二溝口之鞏固工程,原定與第四溝口門同樣築法,以柳捆作底,上建磚壩。後以第三挑水壩告成。壩後添築土堤,與馬寨高地相啣接,并與第一溝口門之土堤,呼連一氣,故第二溝口門,已有相當保障矣。

第四溝口門

第四溝口門位於馮樓方面,鞏固工程乃以柳磚蔴袋三種材料,混合而成。其所以採用磚料者,實因當地乏石,購運價昂,石料需用之處又多,故以磚裝籠。籠用鉛絲編成,每籠裝磚三十六塊,合之而成爲一大塊。以體質而言,用以代石,其功効當不見遜也。壩之構造,以柳紮成柴籠,編織成褥,作爲壩基,褥高約二公寸半(見附圖四),平鋪溝底。採用柳褥作底之目的有二:

(一)因其具軟性,易於適合溝形勢;

(二)將來如水向底脚冲刷時,亦可使其隨淘隨墊,不致空虛擴大。

褥上復堆砌磚籠,籠與籠之間,以鉛絲連結一起。壩頂寬二公尺,後坡用土袋堆成一比二斜坡,前坡爲一比三。堆坡材料,原擬分作三種:先爲土袋,繼用碎石或散磚,最後以塊石鋪面。後以蔴袋甚多,石料太乏,故均鋪土袋,前坡脚平鋪接出五公尺,壩長一百十七公尺,堤頂計高出大沽水平面六十七公尺。

(三) 護岸工程

堵口工程中之護岸工程,關係甚大。是猶行軍在進攻以先,必須有把握維持原有陣地,方可進退有據。其方法亦甚廣夥,尤須視察實地情形而應付之;如有防河流之頂冲者,有防淘底者,有防侵刷者,此次設施計凡五種:

(一)掛柳　第三溝口門東岸,在堵口工程進展之先,因當時水流頗急,大溜有頂冲之勢,卽俗所謂搶溜,岸邊冲刷,坡度甚陡,臨岸水深,已達三四公尺;乃以掛柳法,阻其拼刷。法以整株柳樹,沿岸倒掛於水中。其步驟爲：

一、於岸邊安全處，打二公尺樁一排或數排，以實地需要而定，樁頂離地面約二三公寸；

二、以柳樹於其幹部用鉛絲繩緊繫，然後將柳樹靠岸，沉入河內，株向下，幹向上，其深度如何，以鉛絲繩作伸縮，鉛絲繩他端，即固繫於後面樁上（見附圖七）。

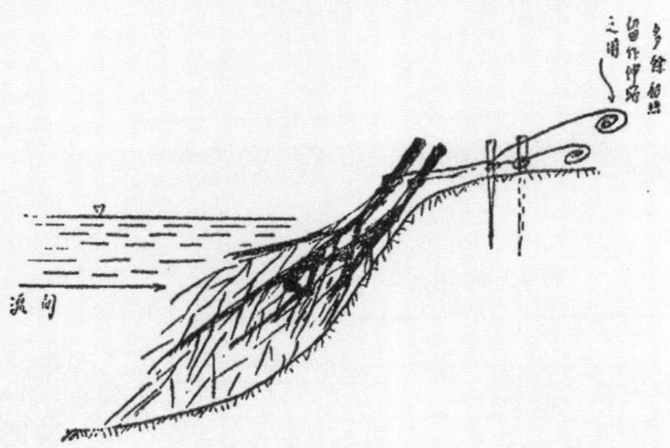

附圖七　掛柳工程示意圖

凡遇溜勢急烈之處，柳樹竟可沉掛十餘棵之多。至其功効，在利用其軟性，有緩溜殺勢，減輕冲刷之長；而無水勢被阻轉向淘底之短。且因黃河挾沙量大，流經柳緩，沙即淤澱，速淤即所以護岸也。

第三溝口東岸，經施工後，河岸坍刷漸止。在下游半公里西岸，亦發生同樣之危險，坍刷甚烈，施用掛柳後，坍亦遂止。該處因水較深，柳樹浮力加大，因而飄動。旋用磚石實中之鉛絲網，掛壓於上，飄動遂止。

（二）柳捲　馮樓村西南第一壩附近，河岸正對此來之溜。十一月十六日，大溜改移直趨河岸，然後折向西行。河岸一面受大溜頂冲之勢，一面又因其南來西去有迴旋之力，將溝底淘深，致河岸壁立。坍塌甚速，日約數丈。爲急救計，自當先護岸脚，阻其淘深，乃下沉柳捲，藉以防禦。柳捲做法：

一、整理柳枝，勻接紮成，長四公尺直徑二公尺半之柳把，或稱柴龍；

二、以柳把十個左右，中實塊石或土包，或磚籠，以鉛絲繩圍繞紮，成直徑一公尺之圓柱，是項圓柱，即稱柳捲，俗稱「春捲」以其形似也（見附圖八）。

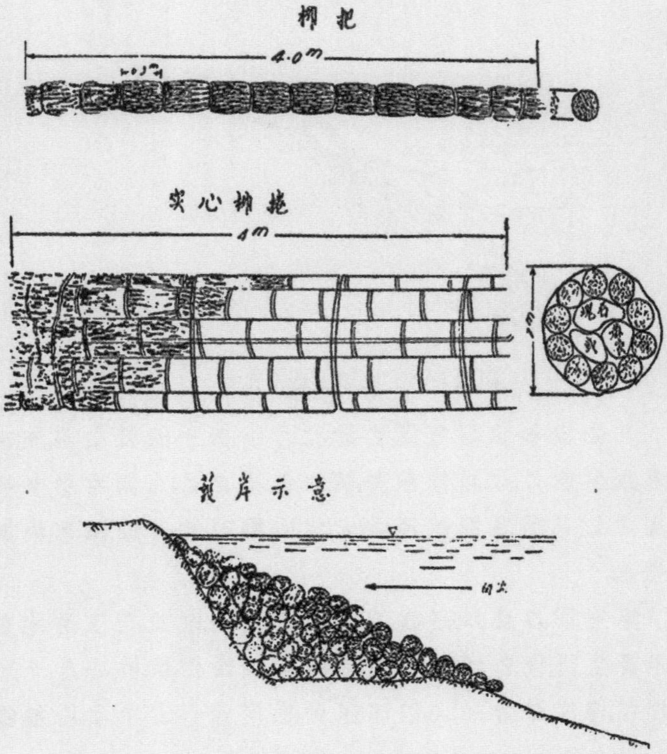

附圖八　柳捲護岸工程示意圖

如合龍進展時，以此護底，不使因水急增進而淘深，任短時間內爲効甚大。惟是項護岸法，亦僅爲治標工作計，如須長時期頂沖，

柳捲紮成後,推入河中。每柳捲重在一千餘斤,一時不易被水冲去,迨其到底則因自身重量,向河脚虛空處陷入。又因柳捲用柳紮成,具有軟性,自能應河床之形勢而適合之。旋向上逐步加高,成一相當坡度,高與岸平乃止,水溜至此,將嘆其無用武之地矣。沉柳捲,不僅可護沿岸河岸,即河底之刷深,亦可用以防制。則非局部工作,所易制勝也。

（三）小挑水壩　第四溝口自經緩流落淤成爲平陸後,其臨河處雖未靠大溜,但積淤究屬太嫩,易爲水流蠶食移刷。乃於臨河淺灘,打小樁數排,向河中伸出,樁間繫以鉛絲,以掛柳枝,每排長約二十公尺,排與排之間隔約三十公尺。此工意在避溜保灘,無以爲名,因其狀如挑水壩縮影,姑以小挑水壩名之。施工後不數日,淺灘變成平陸。小挑水壩之前後部,已沒入泥中。黃河之患,患在多泥;泥爲我用,即見其利矣!

（四）標準護岸工程　此項工程,規定於工程計畫中,用以保護挑水壩之根。蓋挑水壩之進展,在壩根往往發現迴溜,勢不可免。此項迴溜,大足以影響壩身之安全,不可不注意也!第三溝口東西兩岸之在鍋頭村一帶,均有嚴重護岸工程。其工作步驟:先剷平岸地,打樁兩三排,爲鉛絲網之根據;然後編織成孔約半平方公尺之鉛絲網,一端繫於樁上,一端伸入河中;網上編鋪柳把成蓆,其入水部份,均在船上工作;復於柳把前部,鋪疊磚籠,成井字形,各網互相連結,并接於柳把蓆之鉛絲上;後部壓堆實土蔴袋,加築斜坡;再次於井字口中,實以散磚,入水部份則拋投塊石,石量多寡則以成自然坡度爲止;待至相當程度時,然後將鉛絲網圍繞包轉,歸結於岸上所打木樁（見附圖三）。

（五）鑲蘆葦　新築之截流壩,臨水部份,地勢低窪,水位小漲,下部即沒入水中。故自馮樓及馬棗高地築土堤,直接與截流壩相銜接。爲防水漲時漫流侵刷堤脚計,自當加以維護工程;即沿堤脚打長約三公尺之柳樁，半入土中，樁與樁間復連以鉛絲，樁內順堤鑲以蘆葦，層土層葦，高與樁等（見附圖九）。俾水位漲時，水經葦擋，勢乃大殺。

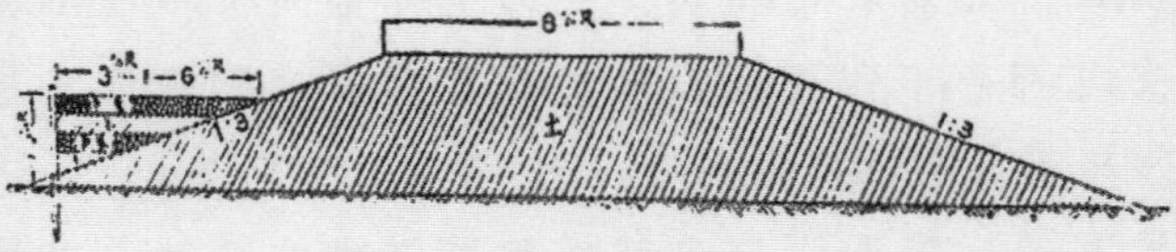

附圖九　鑲葦護岸工程略圖

（四）挑水壩工程

凡決口所在之處，水性往往失其常度，越軌奔放，若野馬之難馴。如能審度形勢，默察環境，或先校正其流向，或設法減少其流量，因勢利導，以就我範，當可收事半功倍之效。挑水壩用以挑溜遠行。宣防紀略曾言：挑水壩與護岸工程不同，護堤長不過三四丈，僅護堤身；挑水壩則長十餘丈，乃至二三十丈不等，伸至河心，能挑大溜，則溜以下堤脚可免沖刷，並能掛淤，即對面嫩灘老坎，均可藉挑出之溜，以資刷卸；如險工太險，應做挑水壩數道，須當空擋排開，遠近得宜，使上壩挑溜，接住中壩，中壩挑溜，接住下壩，方免迴溜刷堤之患。對於堵口工程之有賴挑水壩者：

一、挑溜他向，以減輕口門之急溜；

二、因溜之改向，予口門以改善之機會；

三、壩根一帶，希望掛淤，

故審度當時形勢，有建築五座挑水壩之設計，後因上游水溜之變化，河床之更動，事實上已有減少之可能。第一，第二兩壩位置，均臨時有所變更。照原定計畫完工者，為第三挑水壩，而得力亦最甚今日截流壩之西翼實為第三壩變相之利用。茲分述之：

甲、第一挑水壩　第一號挑水壩位於馮樓河岸第三，第四溝口之間，方向與大溜成一零五度鈍角。目的在挑溜歸入老河，原定計畫:埽身長度爲一百五十公尺,寬度二十五公尺,頂寬五公尺,坡度之在埽頂者爲千分之一,埽身迎溜方面爲一比二,背溜方面爲一比三,埽端一部份爲百分之五,初步埽頂以高出河床三公尺爲限。着手之初,以柳枝及石料,建築埽根護岸工程。然後乃捆紮柳捲,內實塊石小磚,或蔴袋貯土爲之;柳捲對徑約一公尺長四公尺(見附圖二及八),逐個推沉河中,纍疊而成潛水埽矣。至施工方法,初在岸捆紮推沉,旋因埽爲潛水性質,埽頂不露水面,乃改在船上施工。惟船之位置,事先必須佈置妥當,以免所沉柳捲爲急水所沖,不能整齊平舖。且爲避免河底臨時刷深起見,工作進展時,應將底層先行舖築,然後逐層舖高。查是項工作最關重要之點,即埽身位置問題,得其當則受挑水之益;否則反受其害。第一埽於十二月二十日興工,遵照工程會議決定埽之方向,努力進行,每日約可成十公尺左右。惟測驗水性變化,反覺老河水量減少,埽端水深增加,且埽之前端有深溝一道,反能助流冲入溝口,第三溝口西岸,因之坍塌日烈。該處同時興築之第三挑水埽,頗受不利之影響。環境指示如斯,覺非妥善,乃於十二月二日停止前進,共計工作十三日,成埽長三十公尺。

乙、第二挑水埽　此埽位置,原定在窰頭村尖端第三溝口之東岸於十一月二十四日開始興築埽基,基未成,而馮樓正溜形勢大改,已失原有建埽之旨。且第三挑水埽進行順利,逐見成効,大溜已漸挑東移。如此埽再行進展,恐於第三埽發生不良之反響;最少限度,或將冲刷溝口西岸因第三埽進展而新掛之淤灘。於是見機暫停,集中於第三埽之推進。最後即將第二埽埽基工程,擴大而爲東岸護岸工程,以防第三溝口因流東移而冲寬。

丙、第三挑水埽　此埽位置,在馬寨第二溝口綏流工程東端歧出，斜向河心島樹。目的在挑西傾之溜，轉向馮樓南岸老河東下。所謂島樹者，乃在第三溝口門之中，樹之左右，水深約十公尺，原爲一巨塚頂之基木。此次決口，適當其衝，因古墓建築堅實，故兀峙不動，形成孤島。基木之梢，浮沉水中，與波浪相俯仰；而水溜因塚之阻，至此激成怒濤，洶湧澎湃，令人心悸。故此埽向前進展，無不小心翼翼。僉認謂島樹可接，則堵口可期，其重要性如此。中間工作經過，爲適應當時水溜之變更，可分數期述之：

初期施工　工作地點，靠近河岸淺灘。其作法：係打小樁兩排，由岸伸出，與溜向成鈍角；後將柳枝首尾，用鉛絲繩分別捆結，於第一排之上端第二排之下端

二期施工　以離岸漸遠，水漸深，溜漸急，溜向又變化靡常，遂改用柳把，縱橫排列，繫於鉛絲繩上，成多孔之小柳排，再以較細之鉛繩及短樁，逐層維繫固定之（參觀照片。）

三期施工　以水較深，浮力增大，柳把本身之重量，已難克制水之向上浮託力；乃於柳排空隙中，壓以塊石，維以磚籠，並在上游用錨固定之。

四期施工　水深已至六公尺左右，遂改在船上捆結沉排，逐個推沉。其橫貫沉排之鉛繩，俟方位矯正後，即回繫埽身，藉資連貫。其沉法仍以柳把縱橫排列，共計四層，迨紮緊後成高一公尺，長五公尺，寬三公尺之小柴排（參觀照片）；其空隙中看溜勢如何，分加石塊之多寡，每個重約一千斤左右；如此層層推沉，步步上加，直至露出水面爲止。一段告成，工作之船，即向島樹繼續前進；雖分段爲之，然皆以鉛絲繩爲骨，上下前後，相互連結，始結成爲一體。

五期施工　接至島樹，約距五十餘公尺。此段因大溜久注，水深已達深十公尺以上；水流之急足以眩目；水聲之洪，足以震耳，乃改用大船數隻，拋錨泊埽之前面及左右，然後用鉛絲繩三面結網，

并用柳把編織成蓆,三面圍繞,中實散柳,上壓塊石,層柳層石,逐層沉堆,以高出水面不復下陷爲止。集中工料,逐日進展,不稍間斷,收一氣之効果,於本年一月五日接至島樹。平日戰戰競競,夢寐所期之目的,粗告成就。計自第二溝口起,接至第三溝中島樹爲止,壩身全長四百二十公尺。此壩以柳石爲之係透水性質,其用意在減少阻水之力,免壩前之刷深及迴溜之發生。據經驗所得,不僅全無迴溜及壩前刷深之弊,且因其有透水,緩溜功用,壩身上下游一帶及壩之後部,均見落淤成灘,大溜方位,亦被挑移。昔日最洶湧之溜,全在島樹之西,今則移至島樹之東,趨向馮樓矣。

新淤淺灘,爲自動之改善,頗可利用。遂將全壩前後左右,加以整理,加高培厚,延長并囘接至後馬寨高地,同爲第二溝口之保障。鑒於壩身上下垂直,實有增加穩固之必要;故復於前後展築坦水坡。其築法:

（一）前坡　先於壩頂未加高時,打入木樁,繫鉛絲,向淤灘編出鉛絲網,網上再編柳把成蓆,然後壩頂加高。

（二）後坡　先堆舖實土蔴袋,次加散磚,後以石塊舖坡面,坡度爲一比四;坡成則將墊底之鉛絲網延長,包轉覆於坡面,并繫其端於坡頂,新打木樁,使其成爲整體;其與岸相近方面之後坡,則以土築之,坡度爲一比二,坡面與壩頂均砌磚一層覆之。

（三）壩頂　整理壩頂:先於壩上,置散磚數層使之平;然後舖砌兩邊排壘磚籠;籠與籠間,均以鉛絲連及盤件,兩排磚籠之間,則實以實土蔴袋;壩之前端,築一比二坡度,因與水溜相接觸,關係甚大,當使之特別堅實,故以鉛絲網圍於島樹四周,廣抛亂石,然後連接壩身。

（五）引河工程

引河爲狂瀾闢出路,亦即減輕堵口工程之分量。歷來河工極爲重視,推其作用,可分爲三:

（一）分流以緩衝也，全流側注,奔騰激蕩,工力無所施,併埽無所用;故於對河上流,別開一河以引之,而爲分流緩衝之計也。

（二）預浚以迎溜也，河身淤積成灘,慮其漲漫爲患,預開一渠以迎之;使水至歸渠,遂其湍迅之勢,則刷沙有力,而無旁溢之虞。

（三）挽險以保堤也，河性猛烈,方其順流而下也,則藉其猛以刷沙;當其橫突而至也,則挾其猛以崩岸;當其倏忽激射之時,宜酌左右之中,急開一渠,以挽所衝之溜,引入中流,以奪其勢,而後危堤可保。

對於堵口工程引河之應用,其目的在分流。黄河流經馮樓,本由西南而東北;大水後,新漲淤灘,舊道被塞,流向改趨正北,直冲口門,一瀉三百里;其進老河（正河係指馮樓村以上之黄河,老河係指馮樓村以下之黄河之舊道,其分別如此）,乃沿淤灘北行至馮樓村邊,始折向東南而入老河;流向劇改,其角度幾成直角。故以形勢觀之:向老河者曲而逆,向口門者直而順,挽回工作,實反天然之水性。堵塞口門,自當移減口門之流量,歸納老河,爲當務之急。欲移減河流,當先謀分水緩溜之策;是以有挖掘引河,溝通正河老河間水路之策。

位置之選定

引河之難,不難於開掘,而難於選定其地位;成効所關,不可忽視。河頭須遠覓,審度形勢;毋淺毋嫩;河尾須寬順,亦噴亦湧,有建瓴之勢,具吸川之力,方期成効。况黄河水性日有變動,今日大溜逼近處,一二日內即可變易方位,甚或移至對岸,前後情形爲之一反。此次引河地點之選定,均在馮樓東南,淤灘前後,共掘四道。每道位置,均以實地情形之不同而各異。然其注意之點,不外上口須迎合正河之流,下口須順接老河之路,并須顧及土方之多寡,土質之優劣,及施工之難易數事。玆將各引河位置之選擇分述如下：

第一道　爲直線形，上口向西南迎正河大溜，下口斜冲老河，位在馮樓南八百公尺許。

第二道　爲曲線形，上段向西南迎正河流向，下段轉向東南緊接老河水道，位在第一引河上游三百公尺。

第三道　位在第二引河上游半公里許，狀爲微曲線。當定線時，正河大溜，正冲淤灘，引河上段，坍刷甚劇，下段曾幾度更變。

第四道　位在第三道上六百公尺，因地形之適宜，河身爲直線式，上順正河，下接老河，方向略與第三道同。

測量與設計

引河地位選定後，即開始測量。其須施測量者：（一）擬挖河線之高度長度，（二）正河老河水位之漲落，（三）與引河相接上下口正河老河床之高度，（四）正河横斷面中流速之變化。由測量所得之結果，計算其土方之多寡，引河河床應有之坡度，上口河床應低於正河水面幾何；并當注意於：（一）在可能範圍內，如何減少土方；（二）正河最大流速位置，能高於引河河底；（三）引河河床坡度，能與接下口老河河床坡度相近，使尾閭通暢，如老河河床不佳，以致增加引河土方，則亦當酌情，修改老河河床。此次四道引河，上口河床，至少須低於各該地正河水位一公尺，各引河長寬坡度及土方，列表如下：

各引河長寬坡度及土方表

引　河	上口寬(公尺)	底寬(公尺)	長度(公尺)	兩岸坡度	土方(方)	單價(元)
第　一	23	15	428	1比3	1,975.00	0.60
第　二	58	15	692	1比3	10,189.00	0.80
第　三	31	5	120	1比5	799.94	0.95
第　四	40	5	800	1比5	13,358.36	0.90

工作之進行

爲實行以工代賑起見,第一引河由長垣縣災民挖成。於十一月六日開工,上口原留出五十公尺,以防工作時間內被溜之冲刷。距至十月十八日,因正河大溜忽移迫引河上口,每日坍潰甚速,勢將自動冲開。計土方一九五七華方。該河開放後,初尚過溜,不數日因正河河水低落,溜向又變,以致引河中流緩沙停,河床抬高,終至斷流。第二引河於十一月十四日開工,鑒於第一引河之自行冲開,故挖土處距河遠在上口三百公尺。不意大溜爲對岸壓石柳壩所迫,日昇口門,逐漸內刷,其坍刷速程,幾與柳壩工程之進展成比例。至十二月十日完工時河岸已迫近引河上口,雖經竭力防護,終於十一月夜間將新築土埂及蔴袋冲斷,流入引河,計土方爲一萬零一百八十九華方。第三第四引河則於一月七日開工,第三引河於一月十八日凌汛水漲,河流衝入,即行通流,土方計八百華方。第四引河土方計一萬三千三百五十八華方,原爲合龍水位抬高時開放之用;嗣以二三引河自動坍削,合併爲一,其廣寬已足暢洩,合龍時因透水關係,水位亦不甚抬高,故當時亦未開放應用。

工作之効用

第一引河開放後,適值正河水位降落,流向大變,致被淤墊,成効殊少。第二引河自動冲開時,流量爲十七秒立方公尺;十二月十六日正河水位又低落大溜外移,引河曾一度斷流;後至一月四日河水微漲,再行通流;其後得對岸壓石柳壩之助,迫大溜來歸,流量日見增加。第三引河亦同時漸趨佳境;且因大溜之迫近河岸,兩引河河口坍削日甚,引河橫斷面積亦日見增大。二月十二日測得結果:第二引河河量已由十七秒立方公尺增至六十二秒立方公尺,斷面積由十八平方公尺增至一百零一平方公尺,最大深度由一公尺二增至五公尺六。第三引河流量由二十八秒立方公尺增至五十八秒立方公尺,面積由三十九平方公尺增至一百三十二平方公尺,最大深度由二公尺六增至四公尺九。至十六日凌汛忽至,水位高漲,河流挾建瓴之勢,阻於口門之束狹,復迫於壓石柳壩之橫梗,轉入引河,形勢天成;故第二第三兩引河,竟擴大合而爲一,打成一片。當時測得流量爲二百三十一秒立方公尺,已占全河之半嗣後合龍工作進展若干,引河流量亦即增加若干。彼此呼應,實收分流緩衝之効。今日濁浪排空之河床,實即當日第二第三引河之變相也。茲將第二第三引河流量,流速及斷面積逐時變遷情形,列表以供考鏡:

第二引河流量流速及斷面積變遷表

年月日	風向	水位高於大沽零點公尺數	最寬公尺數	最深公尺數	最淺公尺數	最大流速秒公尺	平均流速秒公尺	橫斷面積平方公尺數	流量秒立方公尺
22.12.12.	橫穿流向	64.74	39.5	1.2	0.3	1 31	0.98	17.63	17.20
23. 1.18.	橫穿流向	65.50	41.3	4.1	0.6	0.67	0.50	119.5	59.80
23. 1.25.	橫穿流向	65.30	42.5	3.7	1.0	0.40	0.25	92.5	22.70
23. 1.28.	橫穿流向	65.41	42.5	3.8	2.3	0.58	0.33	87.0	28.87
23. 2. 2.	橫穿流向	65.32	44.0	3.0	1.8	0.39	0.33	66.0	22.10
23. 2. 4.	橫穿流向	65.20	44.0	3.3	1.8	0.40	0.31	73.8	22.60
23. 2. 6.	橫穿流向	65.42	44.0	3.3	1.2	0.44	0.41	65.2	26.52
23. 2 .9.	橫穿流向	65.48	44.5	3.6	0.3	0.69	0.43	71.9	30.60
23. 2.12.	橫穿流向	65.54	47.5	5.6	1 5	0.72	0.44	140.8	61.50

第三引河流量流速及斷面積變遷表

年月日	風向	水位高於大沽零點公尺數	最寬公尺數	最深公尺數	最淺公尺數	最大流速秒公尺	平均流速秒公尺	橫斷面積平方公尺數	流量秒立方公尺
23.1.18.	橫穿流向	65.50	26.2	2.6	1.0	1.05	0.72	38.8	27.90
23.1.25.	橫穿流向	65.30	28.0	2.8	1.7	0.56	0.50	49.5	24.49
23.1.28.	橫穿流向	65.41	33.5	2.8	2.2	1.06	0.88	63.1	55.50
23.2. 4.	橫穿流向	65.20	34.0	2.6	0.9	0.34	0.23	49.8	11.70
23.2. 6.	橫穿流向	65.42	33.8	2.4	1.0	0.51	0.51	50.1	25.52
23.2. 9.	橫穿流向	65.48	34.0	3.3	1.0	0.63	0.45	63.2	28.40
23.2.12.	橫穿流向	65.54	40.5	4.9	1.5	0.75	0.44	132.3	58.10
23.2.16.	橫穿流向	65.32	107.0	4.9	1.8	1.40	0.89	259.7	231.10

(六) 墜石柳壩工程

上述引河,其輔助堵口工程爲効甚大。然當引河開掘之始,黄河河身之廣泛如此,水性之變遷靡定,欲求引河通後,初步過水,固屬不難,維持通暢,實無把握。第一引河可爲殷鑒,自不得不另謀補救之法,以達分流之的。故墜石沉柳透水壩之興築,綜其目的有四:

束狹河面,矯正水勢,使改良之方向,不致時時發生不可捉摸之變化;

二、度量形勢,輔導水流,引入引河;

三、所不需要廣泛之水面,因透水落淤之功用,足以速澱;

四、有挑水壩之功用,而無挑水壩淘深之弊端。

至建築之簡便,有足述焉:

(1)材料所需,僅柳,石,鉛絲三種,至爲簡省;

(2)沉墜工作,簡單迅捷,每日進程甚快,足收速効;

(3)修補整理,皆屬局部,尤爲單簡;

(4)壩之上下游,因透水促進沉澱,因沉澱足增已成工程之鞏固。

建築方法

墜石柳壩之築法至簡,一言以蔽之:即以鉛絲一條,柳枝一束,蠻石一塊,結於兩端,沉置河中,相聯成壩而已。工作之時,先以鉛絲將柳枝及石緊結,一併投入水中,枝梢方向與溜向平行。石因本身之重,沉入河底。柳枝則先飄浮水面,俟全部浸濕,吸收水量飽滿後,亦漸漸下沉。然後接續沉澱,直至柳枝露出水面,不復下沉爲止。於是移動船位,向規定方向緊接前進,三五日後,但見蓬鬆堆疊,横伸河中,已具柳壩之狀矣(見附圖十)。

鉛絲粗,細,長度,視水位之深淺酌量增減。此次所用約長六公尺,粗爲十二號左右。石塊大小,柳捆厚薄,亦視水流緩急而等差。流緩之處,石塊約重五十斤,以一石捆柳兩束,流急之處,石塊約重八十餘斤,亦有用兩塊同時捆一束柳枝者;流最急速之處,甚至用三四塊大石,始能使柳束安定於某一地點者。全在主持者之隨時支配耳!此外尚有一問題,頗饒研究,即柳與石兩種,其沉放孰先孰後,據經驗所得:

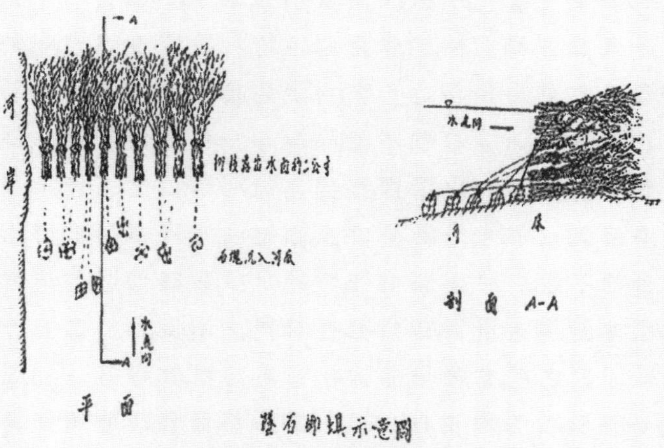

附圖十　墜石柳壩示意圖

甲、水淺無浪之處,可對準沉放位置,先將柳枝沉好,然後將石塊擲向上游。

乙、水急浪高之處,須先向上游遠處投石,俟石到底,再放柳枝;否則石塊尚未到底,所繫鉛絲尚未得力,而柳枝因浪沖早已飄至下游數丈矣。遇此情形,則停船地位之上下,投石之遠近,須隨時斟酌改變,此則有賴於經驗者實多。

築造經過

十二月八日先在引河以上,小青波以下西岸,作一度試驗。數日間以該處水淺,築成長約二十公尺之短壩四道,各壩上下隨築隨淤,一部份竟至停流，大溜改道而去。於是深信此法對於含沙量甚大之黄河，頗有意想不到之成效。遂認爲追溜入引，實爲最好之輔助。是月十四日，正式選定離第二引河上口不遠處，建築第一，第二，第三三墜石柳壩。每日目夫百餘名，船十餘隻，費時月餘，築成第二壩三百六十四公尺，第三壩二百七十六公尺，並接長第一壩五百八十公尺（第一道本係木樁散柳壩，原長九百七十公尺，中途改用墜石沉柳法，）共長一千二百二十公尺。一月十八日正河封凍，工作之船，不能行駛，暫告停頓。噫於凌汛時大冰之蠕動，具有移山倒海之險象，對於已築之三座柳壩，以料省工輕，羣憂必被冰塊冲去，不意事竟不然！除極小一部份冲斷過水外，餘均依然存在，且仍努力繼續與之奮鬭，堅持其追溜落淤之工作。惟因水位高漲，全部壩身沒入水中，水得暢流其上，臨時成爲潛水壩焉。時第三溝口門日狹，去合龍不遠，引河過溜尙旺，時機可乘，稍縱即逝；遂决意利用此項臨時增漲水量，導入引河，藉以減輕口門之刷深。乃於二月十八日，再命前往修補冲毀之處，並將全部柳枝加高培厚。當時第一道壩頭有深泓一道，流勢甚猛，其方向正奔口門，最爲險惡。即自該壩頭加緊接出，於一星期間，將此寬一百三十公尺，平均深三公尺半之水泓堵住。大溜至時，遂開始移向引河而去。總計第二次工作二十日，除將舊壩全部加高外，新築二百四十公尺，連前三壩共長一千四百六十公尺。合龍後仍繼續加高以速淤，并藉防日後桃汛伏汛時水位之高漲，借此以殺直冲之溜。

功　効

墜石柳壩未築之前，河身廣泛，水溜方向東西無定，迨興築時，溜向隨壩日有變動，漸趨軌範。完成後大溜緊逼引河，引河進口上下崖坍削甚烈。惟坍削之地位，時上時下；故壩之位置，方向，亦視坍削之情形，於進行時有所校正。目的總求拿住大溜，轉入引河。據統計觀之，最烈時一晚可坍去三十餘公尺，其効率如此。復按工作每日之進程觀之，較每日坍削之速度,幾成正比,換言之:即壩伸若干,溜移若干,岸坍若干,如影隨身,實為水功試驗極好場所也。鑒於此種溜向坍岸變遷之狀,關係黃河水性之研究極巨,曾指派專員每日巡視,製圖間日一幅,約計百張。存工程處可供研究治黃者,良好資料。惜不能一一附印於此。

當築壩之初,原期迫水入引,減少口門流量;但因冬季水位枯落,引河河床又因地凍未能深挖,故迫流所入不多;惟東岸一帶,因壩之伸展,坍毀日烈,轉望在最短期內,將引河兩旁高地全部坍去。適二月中旬冰凌甫開,水位高漲。第二,第三兩引河間之高地,竟沖毀殆盡。兩引河因得聯成一片,合二為一。全河流量,至時激增,約居十分之四。加以第三溝口門日見東小,阻水北行,西面三道墜石柳壩之向東猛進;遂成包圍之勢,因得迫溜歸引。此項柳壩輔翼之功,有足多者!

除迫溜入引外,墜石柳壩對於緩溜落淤,亦著成効,且較尋常不透水之挑水壩其効更著。蓋柳壩透水,其上下游河底,自可免淘深之弊。凡挾泥之水,過此輕描淡築之柳壩,吸其泥而緩其流。證之事實:往往在工作時水深三公尺之處,次日即不能行駛吃水數寸之小船,沉澱之速,實可驚人!依據河工學原理:若流量流速固定,則河床斷面面積亦應固定。今對岸既坍削不已,宜此處之易落淤,落淤既成,水流更形不暢,改易方向,趨赴引河,口門流量,遂得減少勢也。最可注意者,當工作進行中,每次壩頭(即每晚收工之處,)於次晨開工時必覺較收工時為深,且有深及數尺者。此因流水過壩,其行不暢,勢皆繞道壩頭,因之從事刷深。此項刷深,有費工料,故應設法避免。避免之法,即在增進工作時間,減少停工次數;如能工料準備充足,分班輪流,一气呵成,尤為有益也。

(七) 截流壩工程

第三挑水壩築至島樹後,以人力戰勝洶湧澎湃之水溜,溜移而流緩,流緩而泥沉,泥沉而灘見,水落沙漲,形勢為之一變。深覺研究所得,採用水工原理與夫透水壩之計劃,殊甚圓滿;對於堵口工程,更有進一步之把握。遂擬定第三溝口截流堵合工程,即以第三挑水壩爲西翼,另定東翼位置。再接再厲,以竟成功。

(1) 東翼地位之研究

西翼既成,東翼位置,亟待決定。一月九日,以第三挑水壩壩頭爲固定點,向馮樓方面測得斷面十一個,以資選擇。當選定甲,乙,丙三線,然皆各有利弊,可言分述如下:

甲線 自島樹至第一挑水壩 (利):水流至此,如被截流壩攔門一擋,則順流跌入馮樓前之原河床,而入老河,實最便利,斷流歸槽,一舉兩得。

(弊):(一)如發生迴流,或因此而奔向第一,第二口門,其影響恐及於已斷流之工作,或另生變化;且此溜自南來,趨向西岸,來勢極順,水力較強;(二)此線長度,較他線爲長。

乙線 自島樹至第二挑水壩 (利):可避免甲線所有二點之弊。

(弊):口門太嫌縮進,不免造成迴溜,以致口門刷深,同跌歸槽之力因之減少。

丙線 自島樹至第二線上游 (利):可避免甲,乙兩線所有之弊端,而其距離最短,斷面情形亦佳。

一月十八日工程委員會二次在京會議,議決採用丙線。即擬在丙線打成樁橋。上游沉放柴排,爲截流壩之中心物。當時以全河凌凍,不能工作。待至一月下旬天氣轉暖,口門附近略見融解,乃復重測各段斷面,覺丁線之河床線,反較丙線爲佳。且該處上游附近,似現落淤成灘之勢。遂臨時更改位置,着手簽打長樁兩排,爲造橋鋪軌,作爲運輸材料之用。

(2) 計劃變更

位置既定,遂於一月二十二日開始簽樁。樁長自十二公尺至二十公尺,每椿相距中與中爲八・八公尺,兩排相距爲三・三公尺,椿頂露出水面約二公尺。原期於椿前沉放柴排一層,上壓磚石,再沉柴排一層,復壓磚石層層平鋪,逐漸加高,藉遵决定之原則,避免舊日合龍之辦法。但以此間設備不週,沉放柴排,甚感困難。乃改在椿旁,編掛鉛絲網片,再以層石層柳前進。法以每兩椿間置鋼絲繩,横四根,直九根,縱横交錯,連成一片鉛絲網於其上(見附圖十一)。

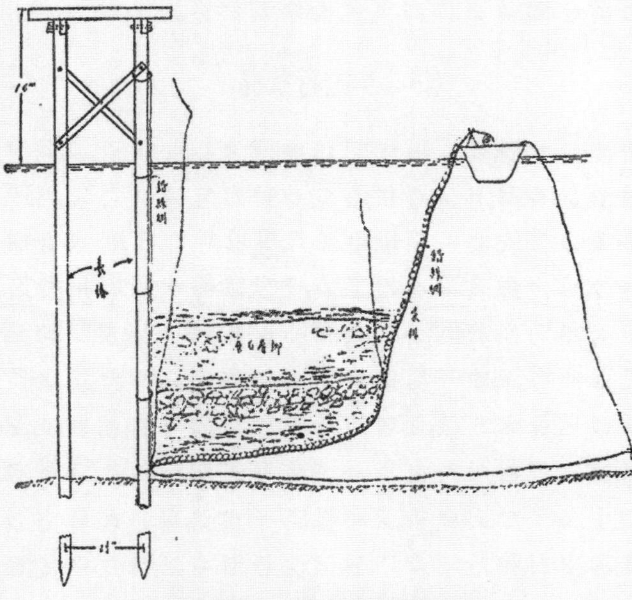

附圖十一　截流壩初期施工圖

工作船隻,横泊於椿之上游,以重約百餘斤之大錨若干隻,固定其位置。各鋼絲纜及鉛絲網一端扭於椿上,一端置於船上。於是先鋪一層柳把,繼投石塊,再鋪柳枝,再加石塊,層層加鋪,使全部柳石達於河底,然後分層平匀加高。工作時鋼絲纜須隨時鬆放,毋使因網片上石量之太重,致停泊之船發生傾側之危險。

二十四日開始編結鉛絲網。二十六日加鋪柳枝一批,計長一百六十公尺。詎意二十七日下午,因天氣臨時陡暖,上游一巨大淩塊,隨流而下,將口門中間已打木樁,衝斷八根,原定一氣呵成橫截流之計劃,因之大受打擊。且凌汛未過,滿河冰凌,遠在數百里之上,來日大難,正未可料!參考歐美各國河工,對於防凌之設備,素少研究。不得已別出心裁,應付環境。設法在截流壩身上游五十公尺處,簽打防凌樁一排,共四十七根;每樁前端斜撐輕便鐵道若干節,遠視之宛若小學校中之滑板(參觀照片)。蓋欲藉以抵禦冰與樁直接之沖擊,并可使冰塊因鐵質之相撞,由大化小,由整化零。樁與樁間復置橫撐及斜撐,以求鞏固。

(3) 進行狀況

簽打防凌樁之際,截流壩工程仍繼續進行。先就兩頭用層石層柳法鋪高,原期靠近長樁,有所憑依;後見各樁均有傾斜之勢,乃又臨時更改方針,採用重力壩式,由兩端趨中進行。環境所迫,已造成合龍之形勢矣。惟壩身透水,較之舊式閉不滲漏者,按以減輕水壓利用積淤之原理,似有進步。壩身平勻高約八公尺,用磚石拋成兩旁坡度。同時於中部斷樁之處,深恐因此淘深,曾一度採用南通保坍工程所習築之柴排,沉以護底;終因折樁處急流如注,且無拖輪機械力等可資輔助,欲至沉放位置,頗難措施,較之浚浦局及南通保坍會利用潮性沉放者,形勢不同。旋又改用長二十公尺之大柳捲,上游拋若干鐵錨,以鉛絲繩繫於柳捲,由兩端滾入斷樁中間。如是柳捲不致因流急而沖動,砥柱中流,保障河床。除投柳捲外,間亦酌視情形,採用短柳把紮成之小柴排,中嵌石塊,投入河中。其目的總求中段斷樁處之河底,不因兩端推進,口門束狹,而衝刷過深。此項工作,頗收一時之效。然流急與工增進,狀同瀑布,勢蹙口門之工作,可暫而不可久。為加速前進計,兩壩頭又採用捆廂法,分兩班前進。法以大船三隻,一隻泊於壩頭,稱為捆廂船,兩隻停於壩上壩下二邊,稱為拋廂船。船上均置木架,以編鉛絲網之用,其網之編製,先於壩頭打長約二公尺柳樁三四排,每排約六七樁,樁上繫以鉛絲繩之一端,另一端即繫於捆廂船木架上(見附圖十二)。

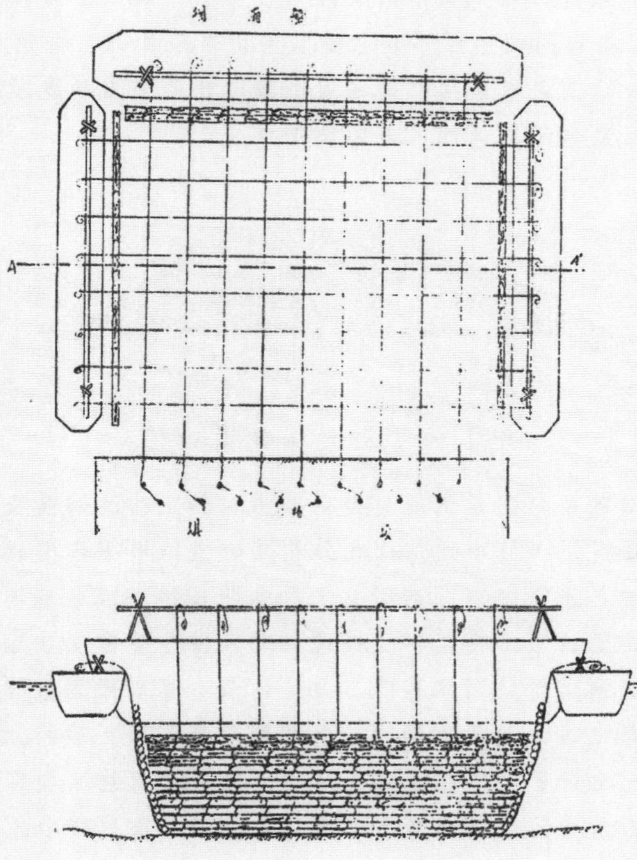

附圖十二　截流埽捆廂法示意圖

兩幫廂船上亦互繫鉛絲繩數條,其方向適與前者成直角;若是縱橫交叉,乃成網形,然後放置柳把,相聯成蓆,三面進行,圍已成之埽頭,適成一四方匣子。其中即拋柳鄉石,層疊而上,船上鉛絲繩,亦隨之鬆放,柳把亦隨之增加。直待至柳石下沉到底,於是向上加高,與兩端埽頂相齊,遂將三面柳捲包轉,繫鉛絲繩於原有木樁,此段埽身,乃告成就。

如此段段前進,不分晝夜,至二月七日口門之寬,僅剩三十公尺。而天氣轉暖，因慮凌汛將至。如幸而文泮，則可安然渡過；不幸而爲武泮，則此三十公尺之口門，似不可不爲冰塊留一出路，減少擁擠堆積之危險。況後方壩身單薄之處，亟待整理。爲安全審慎計，遂努力於後方鞏固工作，加高培厚，添築前後坡面（見附圖十三）。

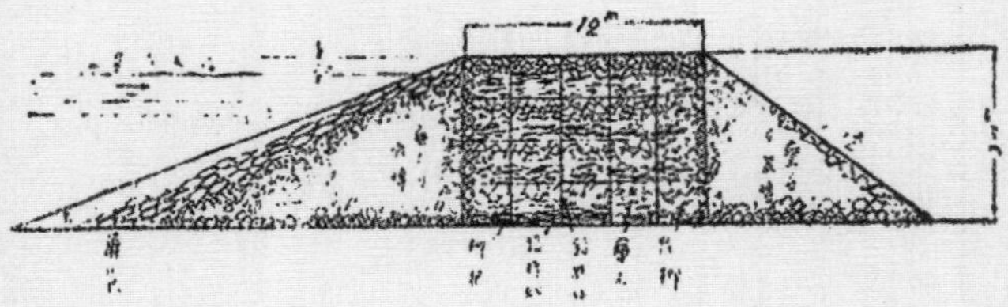

附圖十三　截流壩斷面圖

同時爲避免口門刷深起見，復以全力在船上拋沉柳捲，及小柴排等軟性物質，務使河底不致加深。此外復培修道路，增築輕便鐵道，以利合龍時材料之運輸；修築臨河岸之土埝，藉防開凌時或合龍時水位意外之高漲；並派員四出，收買柳枝，催運鉛絲大磚，分電當局，扣船運石，以期合龍之先，所貯材料，充足有餘。二月十四日（即廢曆元旦）午時正在工作之際，上游冰凌開凍，蜂湧沖來。即調集全體員工，持破冰器緊急處置，如遇大敵。計畫上準備之防凌樁，首當其衝；滿河巨冰，挾移山倒海之勢，浩蕩而來，爲樁攔阻，相持不下；終乃折斜倚之鋼軌，斷中流之木樁，而巨大冰塊，遇此強禦，亦由大化小，由整化零，逐漸由所留三十公尺之口門，徜徉流過。翌日來凌更多，人員與防凌樁分別盡責，努力營救，雖其時各樁大半截斷，鋼軌亦多失陷，然已成透水之壩身，兀然未動。其有大於三十公尺之巨冰，亦因兩壩頭之阻，而折半焉。全工成敗關係之凌汛，幸得安然渡過。對於已成工程，亦得一相當之試驗。在工人員無不淬勵精神，增進自信之力。預料合龍後，水位雖不致過分驟然抬高，然壩身之安全，更宜特別注意。雖以水力計算，壩身之安全率有三倍之多；但爲慎重計，特於壩之下坡，緊貼壩身處，打二十公尺之樁兩排，以資防護。時口門之中，流速增急；但流量以斷面積之日見減小，每秒僅為四二九立方公尺，較之二十二年十一月二十四日所測每秒九八八立方公尺，已少過半。老河流量已達二四三立方公尺，約佔全流量百分之三十六。凌汛至後，水位增漲，引河轉見進步。二月十七日第二引河與第三引河被流冲成一片，合而為一，流量遂受自然之支配，而日有起色。迨至三月十日，口門寬度僅剩九公尺，兩岸已在一望之中。不料十一日突生慘劇，伕目楊慶坤河兵耿高升，因勤勇過人，不避艱險，以身殉焉！是夜北風怒號，濁浪排空，東壩頭復告沉陷，由九公尺之狹口，擴大而至二十二公尺，能不令人悲悼失望耶！

(4) 合龍情形

口門由狹復寬，堵口將成未成，於悲傷驚悼之餘，萬分叢挫之中，自不得不鼓勵士氣，再接再厲，作殊死之鬭。所幸口門雖寬至二十二公尺，測其深度，似未見有不良之變化，最深之點，仍不過四公尺而已。因以信所失材料，並未冲走，但盡下陷於壩基之中，造成自然坦坡，反得一堅實之基礎，實可謂合龍初層之工作。在此變態過程中，直不啻一臨時滚水壩也。是日實測口門流量每秒一六九立方公尺正河則忽增至每秒四零五五立方公尺，形勢轉佳。惟水流極急，有建瓴之勢，壩上下水位之差，竟達一・五〇公尺。三月十三日再度加工，仍用捆廂法向前伸進。至三月十五日東西兩壩之捆廂船已相啣接，十六日沉一較小之捆廂船，而抽出其大者，所謂馮樓金門口，至此上口僅寬十八公尺，下口僅寬五公尺，正一髮千鈞時矣！十七日準備合龍，兩端壩頭同時並進，滚沉十二公尺長之石心柳捲，而繫鉛絲繩生根於上游豫拋之大錨，使巨大柳捲，墊實口門。每見柳捲下沉，則駭浪暴洒，驚波飛噴，與水爭容積較長短也！是日全體員工，精神奮發，負者負，提者提，忍飢耐渴，策應不絕，青旂起處，所以示磚也！而匍匐肩負，羣以磚至。三角旂起，所以示石也！或抬或抱，聯貫相望。旂中有圓形者，所以示柳把也！則滚滚長龍，摩肩於途，空氣緊張，不可言喻！午後一時，見柳捲平鋪河底，似有露出水面之意。遂即更變策略，就兩壩頭略偏上游，竭其全力，以極速度拋下巨大石塊。同時並於金門口上游，攔門停泊大船一艘，協助拋投。但聞石聲入水，害害有聲，如擂鼓，如驟雨之至，愈接愈緊，不容瞬消。間復投置一層散柳或柳把，以爲之輔。至三時許，石已露出水面約一公尺，流勢頓減，四時竟告斷流！遂策其餘勇，星夜加工，不稍停止。至十八日晨金門石壩已堆高與東西壩相齊，寬則過之。而大溜東趨，一夜間已由第三引河擴而爲正河矣。截流壩至此，可稱正式合龍。此次合龍，極爲順手，其迅速尤非初料。固因各項佈置工程同時奏効，全體員工努力從事。而最大原因，即十一日之失陷，實樹合龍堅石之基礎，不致再有走動。卒收一氣呵成之果，語云：「失敗爲成功之母」信然！

（5） 合龍後之形勢

在合龍之先，最堪注意者，爲合後水位抬高至何程度。初意當不在少，不料合龍後實測：壩之上游，僅增六公分；下游則減二十四公分，上下游水位之差，不過一・八五公尺，較合龍前一日之水位，僅增〇・三公尺而已。推其原因：不外壩身透水，既能減去水位之抬高，而引河及老河下游，洩水量之激增，適與口門縮狹程度相並進。合龍後水流已斷，除由石隙中尚見滲水外，已無溜勢之可言，且水中所含之泥沙量，盡行停滯於壩身柳石之間。試觀壩後滲漏之水，其色甚清，已不似上游來水之泥濁。透水壩在此，實具有濾清之功用。由此推測，若能假以相當時日，不獨透水壩本身，俟泥沙飽和後，即可自動閉氣；其上下游已沖深之水潭，水溝，不難因濾水所積之泥，逐漸淤高澱厚。第一第二第四溝口水溝等之自動淤平，可爲事實之證明。且可避免將來引溜內注之虞，此爲採用當日透水壩堵口用意中之最所希冀盼禱者也。

（6） 閉气問題

余自揚子江水道整理委員會奉調來工,隨諸工程司後,待罪河干,忽忽半載,時會務適値改組,疊電召歸,勢不可留,遂於楊耿壩合龍後十日返京。當離工前夕,北風怒號,推波入引;曾與駐工中央監察委員于洪起邵鴻基諸公,乘小汽輪巡視壩前一帶。已覺馮樓前岸盡現淤沙,昔日帆檣林立,深水足以靠岸之處,今已不復可能矣;停船埠頭,已移至馮樓之東三里之遙;其落淤之速,實足驚人!返京後,據各工程司報稱:決口合龍後,石頭莊大堤之修復,固急不容緩,惟當日環境所在,透水壩之滲水,勢不能待其自動淤積,利用沉澱,亟須設法使其提早閉氣。故經一再研究,在透水壩前後拋投土袋,將壩身前坡一帶深淺不一之水潭,一律填平;再戧以埽土,自坡腳起,逐漸填高,情形甚佳。透過水量在三月二十日爲六九・三秒立方公尺,至四月三日,土袋及後戧土,已與低水位相等,透水量即遞減至三一・二秒立方公尺;迨四月九日至十二日桃花汛至,水漲一公尺,壩身上部未加土處透水尚多。當於十三日商定:試用若干蔴袋,雙層縫連,成一大被,下端包裹磚籠,重壓到底,滿覆於全壩坦坡之上,以禦滲水;復於大被之外,擇加膠土,使與滲水所溶,利用膠泥之漿,盡彌補於蔴袋孔隙之中,製成一大片膠土泥被矣。試用結果,收効甚宏,透水量果因之銳減,四月十六日僅剩五・四秒立方公尺,十七日三・九秒立方公尺,至十八日完全閉氣。

(八) 石頭莊大堤之修復

石頭莊大堤決口處距馮樓約十二里,自楊耿壩合龍後,來水旣減,水位即見低落。遂即會同各方,測勘石頭莊堵口壩基。僉以決口處上游附近一帶,發現橫河之膠泥,河床因水落全部露出,實爲不可多得天然良好之壩基。故決定於膠泥地上,截河圍築圈堤,與東西兩端舊堤相抱接,堤線之長,計一千一百六十公尺。惟其間亦有小溝口五道,寬狹不等,工程計畫分兩期進行:

第一期:於圈堤臨河部份,打樁兩列,間隔爲一・五公尺,與實柳枝,上壓膠泥,頂高爲六四·二公尺(高出大沽海平面);復於背河方面靠近柳枝處,砌土袋兩列,頂寬爲一·五公尺,頂高爲六四·七公尺;靠土袋處,又築頂寬一公尺之膠泥後戧,頂高爲六五·五公尺(高出舊堤約一市尺),再跟以頂寬五公尺之沙土。

第二期工程:擬於背河方面,加寬十七公尺之沙土,連第一期面寬共爲二三公尺,其背河坡度爲一比三。

自余離工後,石頭莊堵口工程即由楊主任工程司廷玉主持進行,茲錄其所寄報告如次:

(上略)第一期工程自三月二十六日興工,預計四月十日完成,同時並籌晝五溝口之堵合。其第一第五兩溝口(溝口號數係自東而西),於四月五日堵築成功。第二三四三溝口於四月九日各打樁兩列,即於次晨開始搶築。第三溝口土袋甫拋出水面之際,不料駐工之長垣民團與河北省黄河河務局調用之河兵,因細故發生衝突,鳴槍示威,幾釀慘劇!所有在場三千餘工人,均驚避渙散,當日堵口未成。故第一期工程,除第三溝口外,餘均如期完成。第二期工程即照原訂程序進行,惟第三溝口口門增寬約在三十公尺以上,且各溝口之水,均滙注於此,不得不縝密設計,俾收成効。遂定在口門以內,打以三丈餘長之洋松樁(方圓各半)三列,臨河第一二兩列間隔爲一·五公尺,中實稭料,背河第二三兩列間隔爲一·八公尺,中拋土袋,再跟後戧。自四月十七日着手打樁,經二晝夜而工竣。同時爲減殺堵合時之水勢起見,復在圈堤上游,擇定適當地點,築土埝一道。東西兩端,接連高岸,中部僅留寬約十公尺之水溝,並於附近預裝堵口土袋三千隻,準備齊全,遂於四月十九日晨,先堵上游土埝溝口,隨即搶堵圈堤之第三溝口,至正午即告閉合。楊耿壩下游半公里窰頭之處,添築埽工攔河壩一道,亦於二十日完成。石頭莊圈堤第二期土工,即繼續興築加高培厚整理坦坡,當於四月二十八日竣事。二區堵口工程遂告段落。至河北境內全部大堤之培修,則將另組黃河善後工程處辦理之(下略)。

E 材料及經費統計

(甲) 材料 工程材料之選擇,關係之重要,自不待言。尤以堵口工程,其時間均在倉卒之際,其地點又在交通運輸必感困難之處。故選購何種材料,方裨於堵口之工作,實應注意之問題。除鋼錯,鉛絲,蔴袋,水泥等件,勢必向遠方購辦者外,事前應有下列數點之考慮:

一、就地取材,單價既廉,運費又省。

二、堵口工程所在之地,爲災區無疑;被災之後,民不聊生,購辦就地材料,亦寓賑濟之意。

三、災區壯丁,既可以工代賑。如柳枝,舊磚,蘆稭等料,就地收買,則婦孺弱小,於廬舍沖毁之後,亦可掘泥取磚,栽柳得枝,易於謀食。磚置鉛籠,以代塊石,功効相等;

四、遠道運輸,有關氣候天時舟車等問題。而堵口工程則有隨時相機應付之必要;如能就地購辦,足以應急調劑。

此次施工地點,均爲交通不便之處,尤以石頭莊在豫,魯,冀三省之交,距鐵道交通之道口站約百餘里,開封站三百餘里,除騾馬小車外,即無交通之可言。故着手之初,即規劃開封與馮樓間之汽車交通;又在各區工次,特設無線電台,汴處設一總台,以通電信;復購辦小汽船,爲工塲上下游及對岸短距離之運輸。如此佈置,漸見便利,然非此亦無其他較上辦法也。在第一第三兩區決口,皆不過溜,堵塞材料,僅土與蔴袋兩項,故較簡單。第二區馮樓溝口,已具改道形勢,工程浩大,需用材料,項目繁多,其中數量最多者,爲柳,磚,石,鉛絲,蔴袋等五項,柳磚可以就地採辦,此亦採用透水壩堵口用意之一也。按黃河南北兩堤及各村莊,均植有柳樹,在平時足以鞏固堤身,在臨時可資搶險護堤,故取之甚易。磚之來源:一部份購自附近磚窰，一部份則收買災民廬舍淹沒之磚。雖屬零星殘破，然積而置之鉛絲籠中，其效與塊石相等。工區附近，災民見柳枝與舊磚皆可得善價出售，婦孺老弱，幾以此爲副業，小車喁喁相望於道者，日必千數，有遠自四五十里以外者。故單以柳枝一項而論，二區先後共用一千四百餘萬斤，平均單價每百斤以五角計，共約計七萬餘元。分散於災後無告之災民，其受惠爲何如耶？至於石料，實居堵口材料中之最重要者，數量亦大，冀省境內，長垣相鄰，本無石礦，所可取給者，即自河南鞏縣，亦即河南河工上購石之處。鞏縣距工約六百里，該處水淺，吃水稍重之船隻，即不能駛，另需小船駁運，手續甚繁。且石料運輸，全憑帆船，逆水行船，尤感費時，一遇逆風，紓滯更甚，故往來一次，約需旬餘日。且靠天行事，數量與日期，毫無把握，可作準備。集石礦產量及河上運輸石船，統制支配，充其量月可得千方左右。堵口工作，急如星火，勢不能坐待，惟有另謀石料之供給。適十一月　，余視察溫縣工程歸途，遇黃河水利委員會工程司美人安立森，談及徐州亦爲產石之區，隴海路所需石料，即所取給；如能設法免除鐵路運費，而謀築支路，自蘭封以至河邊，轉運工地，可較鞏縣爲速。當即派員前往調查，據報徐州石料情形如次：

一、徐州附近產石地點爲：（一）子房山離車站約三里，（二）響山離車站約四里，（三）鐵茶菴離車站約六里，石質堅硬，多係青石，間有紅石，當地開山石商，均係小資本之苦力，各集一二十人，開山取石，用小車推至城市出售，以供各種建設之用，無大組織大包商承辦石料也。

二、徐州石商通用量石之尺（以下簡稱石尺），每石尺長度爲二〇·八英寸，合〇·五三〇二公尺。

石料一方（以下簡稱石方，）長七石尺，寬三石尺半，高一·七五石尺，約計一石方合六·三九公方或一·七二五市方。

三、石料裝火車，每三百公方約重五百噸；裝人力小車，每車約重四百斤。每一小車石料，在山中值錢四百二十文（每元五千文），合洋八分四厘，徐州石料有特捐，照售價每元抽五分。

四、與小石商接洽結果，令其集合全力，盡量在各山分別開取運送，言定一切在內，每石方（合六·三九公方）須洋五元二角，在徐州車站交貨。出石數量因限於小車及牛車車輛，每日總共祇能送到三十石方，合一百九十二公方。

五、隴海路運費，石料爲六等貨，由徐州至開封計二百三十四公里，每噸收費洋三元一角五分一厘。

六、隴海路貨物上力，二十噸車輛每輛收費洋四元，下力折半。

七、每列車裝五百噸，計石料三百公方，約計路局須撥二列車專供裝運，三個月方能運足二萬方。

八、石商並無資本，亦無組織，收方給價至裝車轉運等事，均須本會派人在徐州及蘭封二地，照料一切。

九、蘭封至黃河渡口約十八華里，應托隴海路舖小路一條，直達河邊。

據報告後，即與隴海路局幾度磋商，承允專撥列車十餘輛，每三日輸送一次。復向全國經濟委員會借用輕便鐵軌及斗車，自蘭封車站直舖至河邊，計長十五里。自河邊至馮樓工次，則用船轉運。如是每日在工，至少可收石方五十方以上，與鞏縣所訂購者，雙管齊下矣。中間因冰凌封河，水上交通斷絕，經時月餘後，又因劉匪竄擾河南，停止運輸，皆受甚大之影響。鞏縣之石，單價每方爲二十七八元，徐州之石，則較鞏縣可省十元左右。爲撙節石料起見，舉凡次要之處，皆以磚代之。茲將二區材料廠，截至五月十日止，所報材料統計，列如下表：

第二區各項材料統計表

材料	細目	單位	共收	共支	結存
片石		方	5264.78	4667.50	597.28
青磚		塊	5,224,043	5,186,272	37,771
火磚		”	22,588	22,588	0
柳枝		觔	14,269,841	14,250,791	19,050
蘆葦		”	731,895	727,895	4,000
秫葦		”	1,699,769	1,485,769	214,000
柳樁	5尺樁	根	11,301	9,305	1,996
	6尺樁	”	18,664	14,491	4,173
	8尺樁	”	4,151	3,094	1,057
	10尺樁	”	1,263	1,263	0
	12尺樁	”	1,450	991	459
	16尺樁	”	544	449	95
柳桿	粗	”	739	619	120
	細	觔	13,481	12,565	916
杉木		根	50	15	35
大洋松樁	40—40′	”	300	134	166
洋松板	2″×8″×12′	塊	5	5	0
	$1\frac{1}{4}'' \times 8\frac{1}{2}'' \times 13'$		152	152	0
	3″×12″×16′		40	40	0
	1″×12″×20′		315	111	204
	4″×12″×40′		20	6	14
	6″×8×30′		65	57	8
	$3\frac{7}{8}'' \times 3\frac{7}{8}'' \times 13'$		12	12	0
	3″×4″×17′		179	179	0
	4″×6″×14′		256	227	29
	4″×6″×18′		137	53	84
	4″×10″×20′		288	119	169
	$8\frac{1}{2}'' \times 8\frac{1}{2}'' \times 13'$		2	2	0

秫蔴		觔	74,922	62,335	12587
南蔴		〃	11,779	10,059	1,720
南蔴繩	粗	條	$112\frac{1}{2}$	$84\frac{1}{2}$	28
	細	〃	181	181	0
白棕繩		捆	7	6	1
圓鐵		觔	2,439	1,472	967
方鐵		〃	5,646	1,346	4,300
鐵板	4′×8′	〃	579	329	250
鐵錨	20斤—450斤	個	444	294	150
石灰		觔	4,883	4,883	0
洋灰		桶	30	15	15
		袋	65	55	0
蔴袋		條	533,432	521,286	12,146
鉛絲	8號	捆	80	75	5
	9〃	〃	30	30	0
	10〃	〃	144	144	0
	11〃	〃	24	24	0
	12〃	〃	561	376	185
	13〃	〃	47	47	0
	14〃	〃	$1022\frac{1}{2}$	948	$74\frac{1}{2}$
	15〃	〃	12	12	0
	16〃	〃	794	794	0
	17〃	〃	161	161	0
	18〃	〃	8	8	0
鉛絲繩	10號,3股,10丈	條	15	15	0
	10〃,6股,10丈	〃	5	5	0
	12〃,3股,20丈	〃	635	635	0
	12〃,3股,10丈	〃	230	230	0
	12〃,6〃,10〃	〃	10	10	0
	12〃,3〃,6〃	〃	257	257	0
	14〃,3〃,20〃	〃	550	550	0

	14號,6股,20丈	”	350	350	0
	16”,3”,20”	”	1,270	1,270	0
	16”,6”,20”	”	195	195	0
	16”,9”,20”	”	168	168	0
	17”,9”,20”	”	65	65	0
鉛絲網片		個	683	683	0
鉛絲磚籠		”	6,107	5,607	600
鋼絲繩	1/8″—5/8″徑	捆	51	48	3
汽油		桶	954	851	103
機油	大桶	”	18.5	18.5	0
	小桶	”	163	146	17
煤油		”	504	504	0
蔴子油		”	21	9	12
葦蓆	4′×6′及5′×7′	條	11,944	9040	2904
鐵錨鍊		”	11	0	11
楊木板	2½″厚″7′—10′長	方	67.12	65.92	1.20

F結論

堵口工程紀錄,至此已略見其概要矣。查決口每出非常,而堵口工程又値徬徨倉卒之際,數百萬災民,嗷嗷待哺,無一不在水深中,望早日之堵合,其間迫切形勢,若待解懸。堵口計畫之不容周詳考慮,而欲迅赴事功,實爲環境所使然。尤以黃河水性特殊,其點理之法,遠非其他川流可比。黃河之爲「黃禍」,固不足諱。而際此國難重重,根本治導,似尙有待,則今後補苴工作,恐尙不能倖免於一時。則前車之轍,後者之鑒;過去堵口工程之經驗,實足爲未來者之考鏡。玆就個人經驗所得,擇其關係重大各點,分舉論之,要亦前尹告後尹之意也。

一、透水壩之適宜於黃河堵口也, 因決而堵,因堵而斷流閉气,此固歷年來黃河堵口之方案。故料以層稭層土爲之,法以步步進占,最後一气堵之,成敗與否,聽命於天,事前固無把握也。若以透水之料,作堵合之工，此次實爲創舉。新舊觀感，因之不同，民固可以圖成，而難於圖始也。由此次經驗所得，即以第三挑水壩接至島樹一段工程而言：居四面直冲，河心水深在十公尺以上，挾全河之量，居建瓴之勢，環境險惡，無以復加；如不用柳石透水之料，不獨島樹啣接之工，不易着手，即此十公尺以上之水潭，如何使之淤墊？況合龍本爲最無把握之事，合龍後抬高水位，又爲必有之現象。此次合龍迅速穩定，水位抬高有限，固受三月十一日變化之補助，及其他輔助工程之得力。然對於透水壩之目的：一在減輕合龍時之水壓，二在減少水位之抬高，可謂符合。況磚柳等料可以就地取材，尚屬其次，施工方法簡而易行。雖不免有時蟄陷，然局部整理，佈置甚易，而一蟄之後，即見穩定，工作所至，水溜立變，溜緩淤沉，不久即飽和於淤泥之中，仿彿鐵筋混凝土然。故廣而言之：舉凡黄河之護岸，或束狹河身，或固定河槽，或用以追溜，或用以落淤；此項透水工作，實具剛柔並濟之効，可以採用，勝任而愉快。深願主持河工者，加以進一步之試驗而改善之；認爲黄河堵口工程之一法，俾成竹在胸，當機立斷，迅赴事功，大足以減輕災況早登袵席也。

二、墜石柳壩之可推行也，　以柳一束，石一塊，鉛絲一根，連結一起，相叠成壩。借石之重以繫柳，借柳之蓬鬆以落淤。以最簡單之方法，極微薄之材料，竟可使滚滚濁流，馴爲我用！實收緩溜落淤之効，適用黄河，眞有不可思議之効力！而工事之省，進行之便，効率之速，尚屬餘事。在試用之初，以此戔戔之物，投置河中，抵禦萬馬奔騰之溜，顧不嘗以卵擊石，螳臂當車；又以其一束之柳，在水漂浮，遠望之若河燈，故工次習以放河燈名之；然不信其接連成形，於無抵抗之中，實行柔緩政策，使之掛淤，所謂以至柔克至剛者也。迨經一再改良，落淤之効更宏，迎溜追溜之功易見。即其間不免因溜過急而冲毁，然所毁者局部修補不難。故此次堵口工程，得力於引河之處實多；而引河之所以得力，則此追溜入引，速淤成灘之墜石柳壩，其功最宏。

今後堵口,如有引河計畫,應以墜石柳壩爲之輔翼。而治導黃河,欲利用含沙束狹河身,或固定河槽,抬高河槽外之灘地,或欲改良流向:則積此一柳一石之壩,雖有數里之長,不獨爲費甚微,且可於短時間內即見成効。誠爲此次試用之成功。深信將來於河工,必有重大之貢獻也。

三、引河之須注意也; 堵口工程中之引河,乃爲洪流找出路,爲歸納舊槽之先聲;足以轉移溜勢,用得其法,不獨成效立見,且可收事半功倍之果。試觀馮樓水奔決口,既直且順,河床顯有高低;今欲挽水高行,迫其捨直取曲,既反天然水性,突增工程困難,舍引河無以溝通舊河。故須酌量情形,審度地位,吸引大溜,改變水性,堵口工程進展之中,亦即引河功用加重之時。迨後一面堵口合龍,一面擴張引河,終使大溜由引河歸槽,完成引河職責。惟其地點之選擇,坡度之規定,關係甚大。尤以黃河流向,在堵口工程進展中,幾朝異而夕不同,往往引河河綫選定之時,明知大溜靠近,及尚未完工,而溜已他徙矣。亦有定綫之時,溜本不近,完工之際,溜忽移來,其變幻不測如此。此須注意上下游之形勢,如能採用墜石柳壩以爲之輔;則今後堵口,利用引河分溜,緩溜,或引溜歸槽者,必可運用得宜,較有把握矣。

四、凌汛防範之須準備也; 凌汛爲黃河一年中必有之過程,其間相去有武泮,文泮之別,所謂武泮:即指上游冰凌崩流而下,其勢洶湧,其狀龐大,頗有糾糾武夫,萬夫莫敵之概,文泮則反是。査河工決口,往往在夏秋之時;堵口着手,則在冬春,換言之,堵口工程,勢必經一度之凌汛,幸而文泮;則爲害較淺,防範較易;不幸而爲武泮;則挾移山倒海之勢,且橫衝直撞之性,容量既厚,質量不弱,every至毀沖堤壩,舉凡已成工程,均可一掃而空。虧一簣之功;毀九仞之山。故無不於凌汛之將來,惴惴焉若大難之將至。其危險性,固不待言。按中外河工專書,對於防凌問題,極少研究;除日本在松花江有防凌樁之設計外,其普遍之法:主張另闢一溝,以排洩冰塊。然此非黃河環境所能採用;加以截流壩兩端進展,當凌汛之時,僅剩三十公尺之口門,大塊冰來,堆擠湧塞,其危險可以想像。故不得已,事先在壩之上游,有防凌樁之設備,上復斜架鐵軌。希望以鐵折冰由大化小,由整化碎;初不知冰塊之堅厚,來勢之悍烈,足以折鐵斷樁而有餘,極盡破壞之能事;雖其結果,達到大小整碎之改造,然已兩敗俱傷矣。今後堵口施工,對於此項凌汛之防範,不可不事先加以研究特別準標也。

五、柴排工程, 柴排工程為治河之要工,足以平墊河床,避免冲刷,同時足以落淤,速漲,保岸,護工。荷蘭河工用之最多。即美之密西比河亦習用之。國內濬浦工程,南通保坍工程,亦全以柴排為基本工作。此次堵口,滿擬在決口縮狹之後,於口門中間,沉放柴排數層,以免淘底刷深,維持現狀。據經驗所得,不難於柴排之製造及其推動,實難於柴排沉放至預定之地位。蓋柴排沉放,上自水面,下沉河底,在此過程之中,一受水溜之衝擊,即易失其下沉之方位;況流速增進,在黃河為〇·二之深度處最大,與柴排下沉之時,愈覺有所不利。上海,南通一帶,為揚子江潮汐所至之區;故其沉排時間,往往在平潮之時,亦所以利用流速之減低,使柴排可以一沉到底,至預定之地位也。此次紮成之排,計長二十公尺寬十公尺,原定在三十公尺口門內沉放三塊,結果因受溜之冲,被移動置在口門下五公尺之處,雖亦略收補助之効;然沉排鋪墊口門之計畫,因之即難實現。惟柴排工作,應用最廣,對於將來治黃,實有必要借重之時。故有待於沉排方法之改進,如能設法利用拖駁等機械之力,以為之輔,不難求一圓滿之辦法也。

六、打樁工程, 黃河打樁工程,除建築鐵路橋外,素乏大規模之應用。平日河工習用之樁,其長皆屬一二丈者。打樁之法,乃以人工扶樁;就土中搖撼而下;雖略費時間,然覺可達其所至,足見泥沙之鬆動;

亦屬黄壤特殊之性質。此次樁木均長六七十英尺,對徑平勻約一英尺半,以蒸汽機打之,錘重兩噸半,其最後樁之入土,平均約半英寸,亦可知其荷重之力。惟樁工之在黄河,據此次觀察所得,似覺勝任垂直之壓力;若一受横衝之力,則因土質之關係,頗易動搖,漂浮,或發生傾斜之狀。故在採用打樁工程之前,對於應受力的方面,加以注意也。

至黄河根本整理,實爲急不容緩之舉。堵口工作,不過災後救濟之事,何補於河。故目下急應搜集技術上各項資料,爲整個計劃之根據。如何可使河床固定?何如以減其淤?如何可以平緩中游水勢!如何可以改刷下游泥沙?如何闢通入海之路?如何可以防災興利?凡此種種,皆爲黄河癥結之所在,治理之方。現正在德國瓦痕水工大模型試驗場作治導黄河之試驗,將來必有貢獻,足資採用。治河工程在我國有悠久之歷史,古人治法,一本經驗,其足爲後人之師者實多。然科學昌明,時至今日,有治水之原理可循,有精確之測驗可據。況歐美各國幾無不治之河,其過去事實,足爲吾人借鏡。以國家今日環境而言,不獨經濟困難,即人才亦感缺乏,急起直追,尚恐不及;更有何新舊派別之可分,而不力自團結,推誠合作耶?江,淮,河,漢,國之脈絡,惜哉!四瀆鞏成禍水!良失其敷潤之功,恆爲昏墊之害。尚無一不待治本之急圖;更無不見水旱之頻仍。哀我災黎,呼籲無從。此所望於水利同人,痌瘝在抱,合力以赴,登諸袵席,用昭來蘇。興言及此,曷勝感嘆跂望而無已也。

石頭莊馮樓堵口攝影

1. 合龍時之一瞥

（廿三年三月十七日）

2. 第二引河開放之景

3. 馮樓口門附近鳥瞰

4.第一口緩溜左岸工作情形

5.馮樓西因樹落淤之自然現象

（十月中旬）

6.第三壩壩身

（沈排透水壩）

7.第三壩上部之完成

（廿三年一月十六日）

8.第一引河開放之

9.第二口門與老河槽銜接處之整理

（廿三年一月四日）

10.第三引河上口通

一月廿一日

在開挖中之第四引河

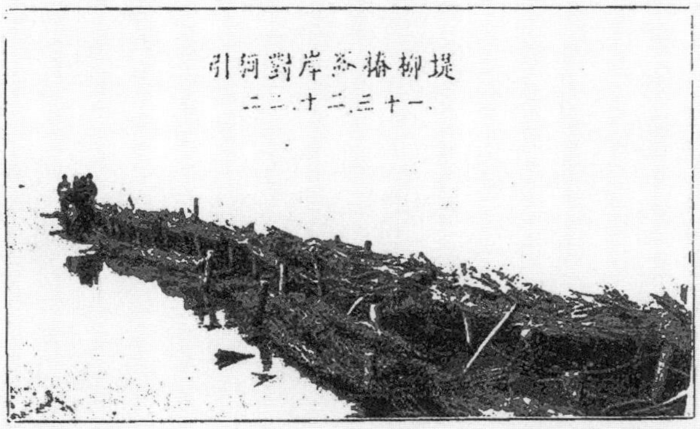

12. 引河對岸簽椿柳堤（廿三年十二月卅一日）

13. 凌汛凶猛及防護情形

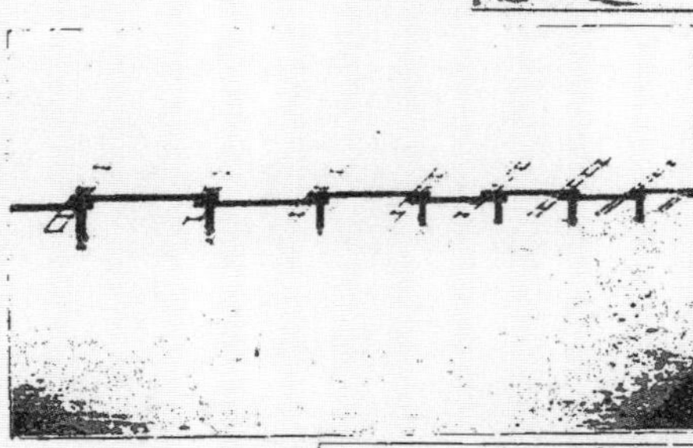

14. 防凌椿（鐵軌斜倚其上）

15. 截流壩之石心柳捲

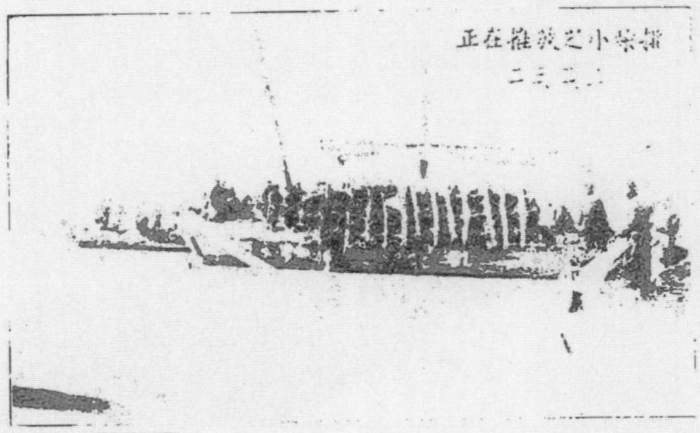

16. 截流壩小柴排之推放

17. 截流壩捆廂法之進行

（示中間柳石之堆置）

18. 截流壩捆廂法之進行（示北端包護）

19. 截流壩將合龍之時

20. 石頭莊圈堤臨河防護工作

（廿三年四月二日）

21. 金門口瀑布式之流水

（捆箱船由出後之情形）

22. 剩五公尺之口門

（廿三年三月十七日）

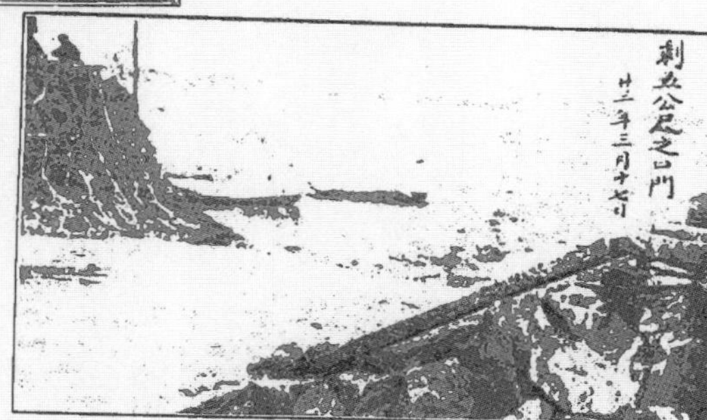

23. 口門附近鳥瞰

24. 合龍進展中

25. 合龍時

黄河富源之利用

崔景三著

[illegible]

著者崔景三

仁言利溥

汪兆銘敬題

序

水於天地間，爲害大，爲利亦大。瀦之，蓄之，平之，衍之，激之使高，道之使下，屈折之使怒，鼓盪之使極其力，水固隨人之所使而爲用也。人治不修，一任水之性，縱橫漫决，於是人始爲水用，而其害不可勝言矣。環球而國者，小大以百數，其強弱之所由分，莫不視其應付自然之力之厚薄工拙以爲衡，而水爲甚。大抵水爲人用者強，人爲水用者弱，理則然也。我國但言水患，患免則已，頭痛治頭，脚痛治脚，頭脚俱痛，則任其爲患，而終至於不可治，其狀況黃河爲尤甚，今歲又見告矣。烝黎之困厄，政府之憂勞，人士之呼號，莫不惟水患之是念，此可爲深喟者也。景三先生頃著黃河富源之利用一書，一易向來之觀念，繪圖立說，探本窮源，用水而不爲水用，雖一時財力或有所不及，然得其說而存之，固國家根本大計之一也。書來索敍，敬綴數言，歎息而歸之。二十四年十一月孫科

序

余讀太史公河渠書，雖稱「悲瓠子之詩而作」，然其中敘河患，僅酸棗瓠子兩役，而獨詳於通渠。始於禹之斷二渠以引河，繼言滎陽下，西方，東方，吳，齊，蜀諸渠，皆可行舟，有餘則用溉浸，又言用鄭當時議引渭穿渠，起長安並南山下至河，以漕，大便利，其後漕稍多，而渠下之民，頗得以溉田。是其時所開河渠，以轉運爲主，溉田次之。後世河患頻仍，言河事者防害如不及，曷暇談利用。清代河工人員，至專恃决口合龍爲開支巨欵，奏保異常勞績之手段，當局窮奢極慾，介乎鹺吏與洋商之間。所謂水利也者，乃屬於當局少數人，而公衆則受其害而已。自國民政府成立，歷組關於河務之委員會，集思廣益，調查測驗之役，治本治標之策，大抵出於專門家之手。而臨淄崔君景三所著「黃河富源之利用」，適於是時出版。其所以提醒吾人者，卽不徒消極的防患，而在積極的興利，且不徒在農業上圖灌漑之利，而尤在商業上圖運輸之利是也。崔氏世居黃河流域，君又在交通上服務有年，深信黃河水運之利，必不遜於揚子江。爰著手調查，如河流之已往及現在，兩岸物產之集散點，普通輸運之船舶及碼頭，列爲圖表，不啻燭照而數計。乃草定計畫，應如何疏濬河道，改造船舶，建設港站，規定航線，均詳哉言之。使當局能採用其策，而國民相與樂成，則他日水運發展，貨物暢銷，富有日新之景象，歷歷如在目前。猶不踴躍輸將，使第一步疏濬河道之大計，卽能實現者，豈人情哉。建興利之策，而去患之道，卽在其中。當此河患劇烈之期，凡關心河事者，尤不可不手此一編也。二十四年十月一日蔡元培。

序

山東苦水患久矣。粤自清咸豐初年，黃河自銅瓦廂決口，改道北趨。七八十年間，河至山東境內，漫溢潰決者，計六十餘次。滄桑更迭，墊溺頻仍。然未有若本年鄄城決口爲害之慘重者也。余主政是邦，當此洪水橫流，狂瀾莫挽，魯西十餘縣盡成澤國，人民蕩析流離，瘡痍待補，目擊心傷。方汲汲焉鳩工庀材，疏濬河口，繕築堤防，爲一勞永逸之計。崔君景三，以所著黃河富源之利用一書眎余，屬爲序言，以弁其首。余維河之爲患。歷代以來，史不絕書。自三策陳於漢廷，二流爭于宋世，厥後言治河者，不曰復故道，則曰闢新流，議論紛紜，大抵不離乎防患者近是。而崔君之爲是書也，則不言防患，而專言興利。蓋水利興，而水患自祛。奚以明其然也，夫既欲興水利，必先順水之性，以導之使通。順水之性，則無衝決之虞。導之使通，則無淤塞之患。是則善治河者，所當奉爲金科者也。至其於河道之變遷，水流之曲折，氣候之觀測，物產之集散，以及商港之如何建置，航線之如何疏通，經緯萬端，莫不窮原竟委，繪圖列表，俾覽斯編者，瞭如指掌。果能因其勢而利導之，利用二千七百餘里之大河巨流，開拓沿河兩岸之富源利藪，於以開溝渠，灌農田，增賦稅，便交通，利運輸，興實業，實大有俾於國計民生。孰謂黄河有百害而無一利哉。昔顧寧人論著書之難，曰，必有前人所未及就，後人之所不能無者，而後爲之。是書足當之矣。余遂樂而爲之序。中華民國二十四年十月霸縣韓復榘撰。

序

黃河爲吾國大川之一，西起青海，東迄渤海，經甘，陝，晋，豫，魯各省，羣流彙集，沃野延緜，誠重要之流域也。惟自古以來，夙稱難治，汎濫之患，見於史册者，達五百餘次。今歲災情尤重，豫魯蘇北，相繼聞警，損失之鉅，不可勝計。吾友崔君景三，痛災害之頻乘，覺救濟之難緩，博採宏論，廣製精圖，著黃河富源之利用一書。披閱之餘，不禁歎其構造之精，尤適用於今日治河之大計也。夫黃河待治，早在水利計畫之中，歷經專家確定方案，期於實行。祇以事務重大，遷延至今。若再倏置，其禍愈烈。茲崔君已將黃河富源揭示當世，廷雖不敏，敢貢末議。將治河要點，約略披露，以爲商榷，幸有教焉。治河之要，除確定科學設計外，餘有二要點。謹述於次。一、人工，二、材料，目前各區災民，離散四方，雖有賑濟，終無善後。況長江同時爲禍，災民益復加多。救濟方法，雖不一端，要以以工代賑，爲確當之良法。欲期此法實現，須中央與地方通力合作，妥籌久善計畫，方生效力。此應加以注意者，一也。工程用料，以水泥鐵筋磚石爲大宗。約略估計，黄河工程十年之用，爲數可達數萬萬元。應擇適中地點，預爲備儲，或設廠製造，使料價減輕，不受壟斷及缺乏之虞。此應加以注意者，二也。如人工均備，并籌有專款，廷知不出十年，則黄河可免爲黄禍。且田野得灌溉之功，輪船有運輸之便。荒蕪之地，能變爲膏腴。流離之民，方有所自給。稅賦增收，上裕國庫。物產充盈，下足民生。兩千年爲患中國之大河，一變而爲利國福民之巨川也。是爲望，并序。王正廷。

序

黃河水患，由來已久。氾濫所屆，受害滋甚。國家歲糜鉅帑，謀所以搶護與救濟者，既周且至。而卒不能圖一勞永逸之者，良由捨其本而治其末，故難期有顯著之成效也。所謂治本之術者何，順其性導之使通而已。故欲永弭水患，必先探究河流之地勢，而後對於港汊之測勘，堤岸之設置，以及如何疏濬，如何善後，庶有完備之計畫，獲定百年之大計焉。崔君景三，以古今治河之書，率專言水患，對於水利略而不詳，惄然憂之。特就其所聞見，并證以歷代河道變遷之情形，著有黃河富源之利用一書。索序於余，受而讀之。觀其圖說之詳備，興革之綮要，無不綱舉目張，殆深得所謂治本之道者矣。今歲河水漫氾，災區之廣，災民之衆，爲近今所罕覯。朝野上下，正謀所以根本弭治之方。適是書應時而出，洵治河者之圭臬，災黎之福星。還望宏而大之，則民有復蘇之機，則亦復興民族，繁榮國本之所維繫者也。是爲序。中華民國二十四年九月十七日曾仲鳴。

序

立國於今日，盛衰興亡，一視其富源利用程序之大小有無以爲衡。水利事業，亦一端也。蘇俄五年計劃成功後，國力大充，得益於第聶泊爾河水力發電所之建設者甚多。美國富甲全球，其利用密士失必河流域之富源爲尤著。皆彰彰在人耳目。遠溯往古，河流沿岸，又往往爲人類文明之發祥地。埃及之泥羅河，印度之恆河，中國之黃河，均爲史學家所稱道者。河流與人文關係之重大如此，秉國鈞者，其可忽乎。乃我國黃河貽患獨深，自大禹治水告成以來，氾濫爲災，史不絕書。清光緒三年起，潰決之患，日益擴大，人命之喪失，財產之淹沒，不可勝數。今歲又以大水聞矣。雖曰，天惠之不厚，要亦人謀之不臧也。推其潰決原因，約有數端。河身高於沿岸平野數尺至數十尺，一也。自上流流下之沙泥量太多，堆積河底及河口，二也。河之兩側，無大湖爲之調節，三也。而歷代治河，幾全恃堤防，材料既不堅固，工程又復粗劣，洪水泛濫，遂無幸免。黃河流域人民之窮困，冠於全國，豈有他哉。故今後對於黃河水患之永祛，與水利之興築，非復因循敷衍之可以收效，必有急起直追之偉大建設而後可。孫中山先生所著建國方略中，對於黃河築堤，濬水路，以免洪水，認爲開發中國交通重要問題之一者以此。其言曰，「修理黃河，費用或極大，以獲利計，亦難動人，顧防止水患，斯爲全國至重大之事」。吾友崔景三先生，籍隸魯省，習見夫黃河氾濫，水患頻仍，亟思爲根本救治之策。爰就耳目所聞見，檔案所記載，遠徵史籍沿革之形，旁稽列邦治水之術，成黃河富源之利用一書，足以發揚光大　中山先生方略之含義，協助沿河流域經濟建設之發展者，其功績豈淺鮮哉。是爲序。民國二十四年九月馬寅初誌於南京立法院。

序

黃河爲中國患，越二千年。國家設官典領，歲縻巨帑，及其潰決，則又有堵塞之費，振恤之需，人民蕩析離居，田廬貲產，罹災損失者，益不可勝數，國與民交受其害，至於如此。歷代治河方略，自漢賈讓三策以後，世多專書，攷其設施，亦足補苴罅漏。然萃古今人心思才力。孜孜講求，迄無一勞永逸之計。則以世傳治河之書，言防水患者多，而論興水利者尠故也。吾友崔君景三，究心河務有年，綜攷治河成法之得失利病，詳測沿河地勢之崇庳曲直，與夫河流疾徐，航運險夷，窮源竟委，瞭如指掌。而於黃河下游，自潼關以迄利津河口等處，尤極詳贍，獨攄讜論，附列圖表，著書一編，號曰黃河富源之利用。揆其主旨，則在防隄束水以排壅沙，浚濬河口以暢尾閭，欲使河港洞達，航路四通，沿河物產，灌輸輻湊，俾人民能利用河流，廣開航運，生計自充。且水利旣興，則水患漸減，國家既節經費，益裕稅源，誠一舉而數善兼備之策也。昔孟子謂禹之行水，行其所無事，無事云者，要在因勢利導，順其自然。若恃壅遏以爲固，終違乎水之性，往往取便一時，而潰不旋踵。景三所見，實合乎因勢利導之理，非徒爲高論以炫世者。苟能見諸實行，其裨益河務殆未易量。近以是書徵序於余。余適于役西北，周歷甯夏河套區域，詳覽先秦漢唐河渠舊址，穆然想見昔賢經營偉績。顧諸渠建築，率在黃河上游，今景三所計畫之水利，厥維黃河下游，疆域雖殊，利國福民之意，其揆一也。往歲河決濮陽，今夏鄄城又決，曹濮鉅鄆間，被災綦重。憂時之士，怵然於水患之日亟，而水利之不可不速謀也。誠得是書以資借鏡，相與揚搉政見，闓茲遠略，行見安瀾永慶，功績懋昭。宣房瓠子之歌，其亦可以不作也夫。中華民國二十四年十月竟陵沈鴻烈序於靑島。

序

崔君景三，著黃河富源之利用，徵序於予。予維河之患久矣。綿亙數省，委曲淤澱，緩急失調，奔潰不可制，自漢以降，久無人能言其利，防治者怵於艱大，以遏抑取近功，不敢爲久遠之策，譬如痼疾鎭以藥石，求朝夕之不發，姑息愈久，湮鬱愈深，委頓且極，遑問其他哉。上古之世，財貨流布，每賴於河，故禹貢記九州之賦，徐豫則曰達於河，梁州則曰亂於河，冀州則曰入於河，後世水學不講，失利而存害，凡地利所蘊，人力所出，向之轉輸四方者，今則鬱積而不得散，上無以裕國課，下適足以病民，影響所極，繫於國者至大，崔君服官鐵路，案牘旁午，出其餘力，著爲是書，其成也，適丁黃河大決之後，推其意，不特使國人明疾苦之由，且使秉國者知利源所在，振而革之，可以富強，固無用皇皇以旁搜也。先君昔撫齊魯，憂勤河政，時利津告決，相審勢宜，放流入海，固隄束湍，藉暢來者。崔君所論以導矯壅，與先君之意，椎拍多合。夫弊剔而後利生，採珠者輕波濤，攻金者忘荆棘，是書既出，將有羣起而爲其難者，河之平治，其可俟乎。故樂而序之。乙亥九月至德周學熙撰

自序

余編輯黃河富源。參校未竟。適鄄城河決。曹濮鉅鄆沇濟之間。悉淪昏墊。人民蕩析離居。牲畜廬舍。漂沒殆不可以數計。水勢南趨。影響及於淮徐。全國人士。皇皇焉拯災捄溺。惟日不足。距前歲濮陽河決。歷時未久。而禍且愈烈。蓋純恃堤防不足以弭河患。可以徵余言之不謬。誠如蘇明允氏所謂不幸言中。而天下被其禍者矣。余之爲是書也。專言水利。而匪防水患。然水利興而水患自祛。較然易明。禹之治水。無他術也。順水之性。導之使通而已。美之密士失必河。流域長於黃河。而水患無聞。亦不過浚濬河口。暢其尾閭而已。荷蘭立國於水平綫下。借堤防以捍水。然其國製麵鋸木各工業。以及人民日用之需。幾無不仰給於水力。全國人心思所營注。日夜孳孳與水爭尺寸之地。而卒亦無害。惡有人事不修。而可幸免於禍患者也。黃河流域。幅幀甚廣。農礦尤富。儻能遠師神禹之弘規。近參列邦之成法。亟謀疏瀹河口。並經營航路商港。以啓發利源。爲一勞永寧之計。則易竭振而增國賦。便交通而益稅源。連類所及。獲利甚鉅。人民能利用河流。以裕生計。自能隨時研究治水之法。不至潰決後張皇補救也。是編對於沿河地勢。雖未敢謂測勘詳盡。然自鐵謝鎮以下以至河口。河岸之紆曲。河流之遲速。以及航行之難易。耳目所周。罔不畢載。百年大計。固有待於將來。値此洪水横流。宣房未塞。詎敢辭簡陋之譏。而不爲曲突徙薪之策。劃庖丁治庖。珍錯集於山海。而鹽豉醯醬之儲。或亦爲割烹之一助也歟。中華民國二十有四年八月臨淄崔士傑

編輯贅語

古今治河之書．汗牛充棟．但專防水患．罕言水利．安瀾甫告．氾濫隨之．是編注重水利．歷代河道變遷．擇要紀載．以資攷證．黄河流域．民物滋豐．航運改良．直接裕國民之經濟．間接促生產之增加．則培堤束水．以排壅沙．浚渫河口．以暢尾閭．蓄艾起痼．庶其爲根本之捄治歟．

黄河自青海東來．水勢湍急．寧夏河套間．漸有水運．而地處荒遠．山陝之交．水爲山束．壺口龍門．儼同飛瀑．汾渭流入．河流始暢．潼關以東．交通益盛．是編詳於下游沿岸．主要河港．精密測勘．製圖列表．不厭求詳．其現代隄防之設置．並附入焉．

水性使通．自然趨勢．黄河航路多艱．而濱河居民．咸資利用．船舶往來．種類繁夥．疏其現狀．詳其構造．稽時計費．粲列靡遺．氣象之觀測．物產之集散．胥關航運．並用博徵．河口枝汊旁流．未能聯絡海洋．人事多闕．庸可諱言．航綫改進．河口經營．適時爲急．故預擬設港計畫．藉備採擇．

黃河富源之利用　編輯贅語

黃河奪濟入海。形勢一變。平漢津浦兩路。次第告成。形勢再變。魯豫晉冀間。民船停泊處。亡慮數十。形隔勢禁。各囿方隅。平漢路之黃河南岸站。四會五達。西北商貨多出其塗。濼口水路走集。商旅輻輳。充其發展之量。可與漢口相埒。地位之優良。商業之消長。胥著於篇。椎輪之製。大輅可希。因利而利。固事半功倍也。

德租膠澳。開綫路於濟南。對於黃河。未或弭忘。覦其駐濟領事及海關稅務司之報告。直欲舉黃河流域商貨。注之青島。高掌遠蹠。野心如見。雖事過境遷。而越俎之謀。即借鏡之資。附錄篇末。用諗閱者。

黄河富源之利用目次

第三篇　黄河商運　附圖二十二至二十四

附圖目次

黄河富源之利用　目次

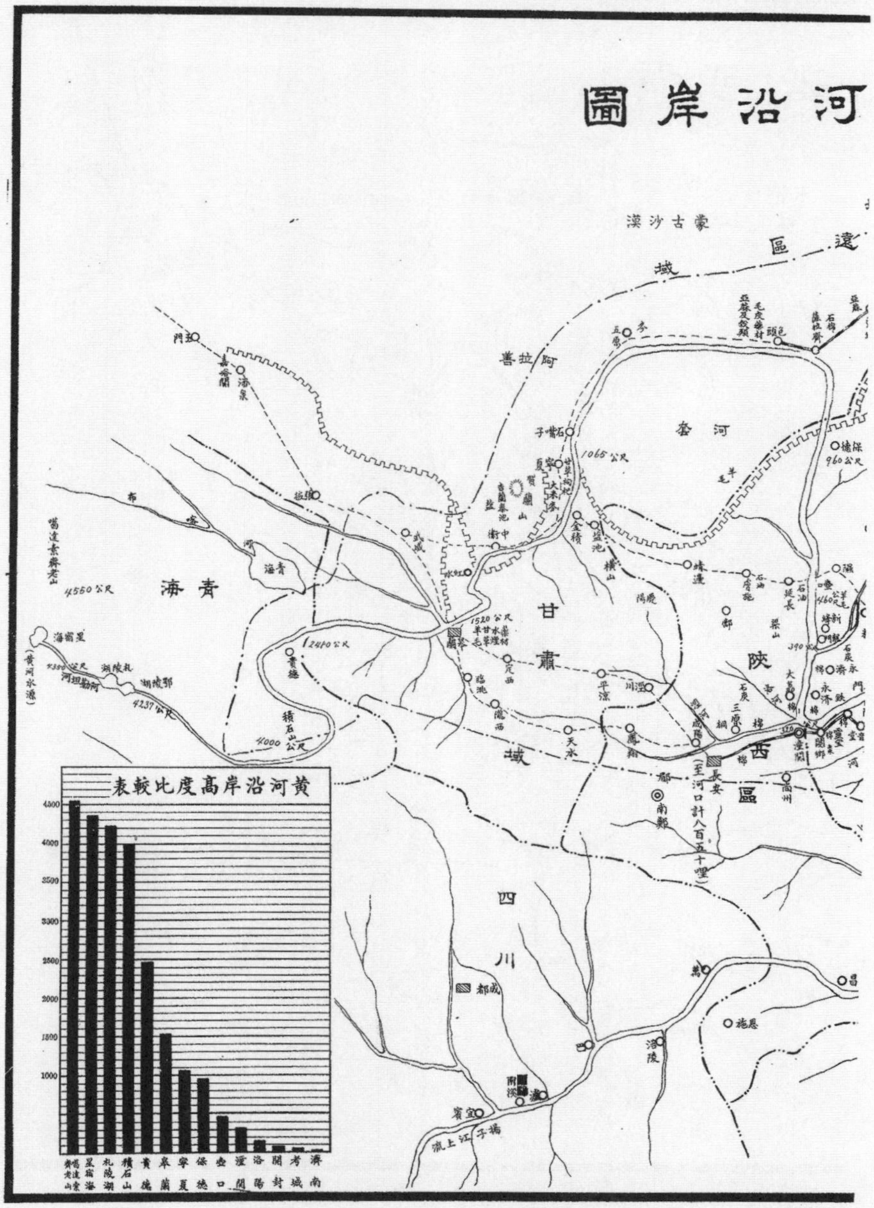
河沿岸圖
蒙古沙漠
阿拉善
甘肅
陝西
青海
四川
長安
黃河沿岸高度比較表

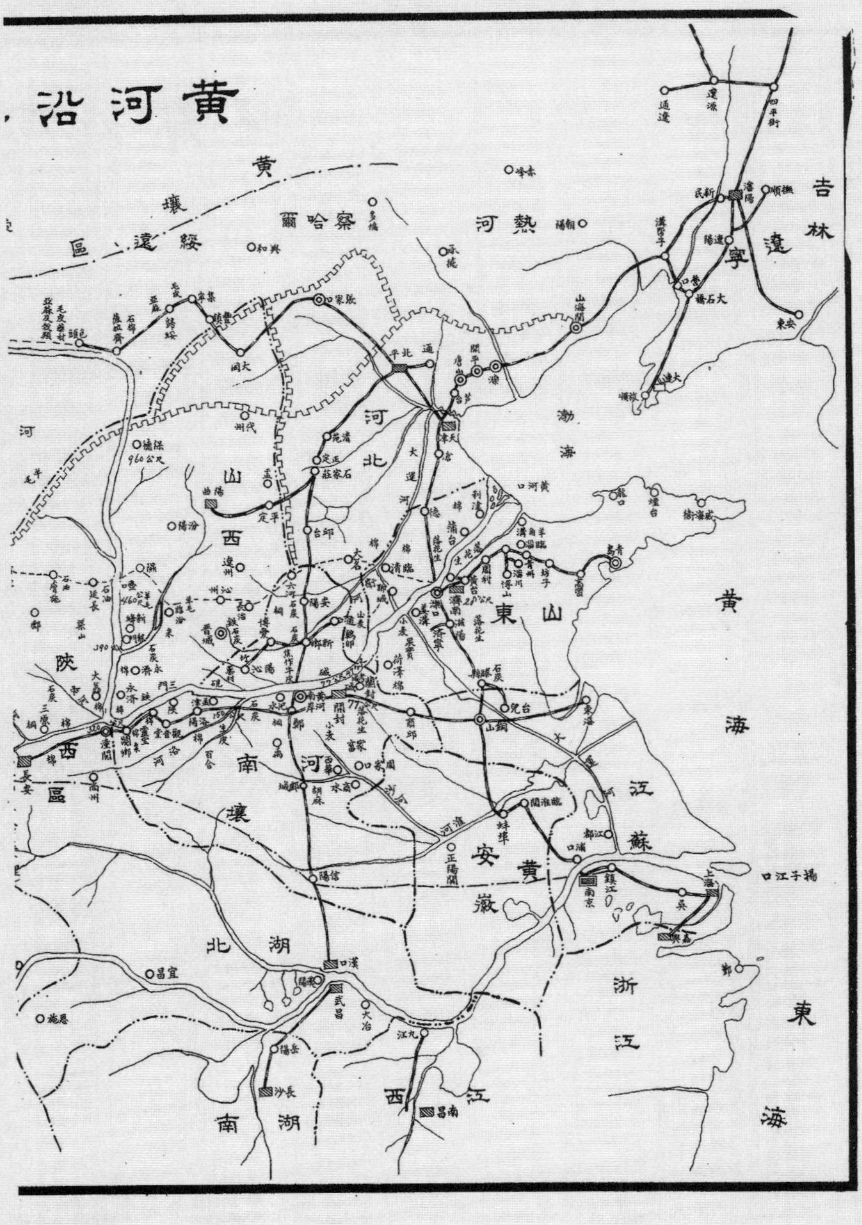
黃河沿
察哈爾
熱河
遼寧
吉林
河北
山西
山東
河南
陝西
安徽
江蘇
浙江
湖北
湖南
江西
渤海
黃海
東海

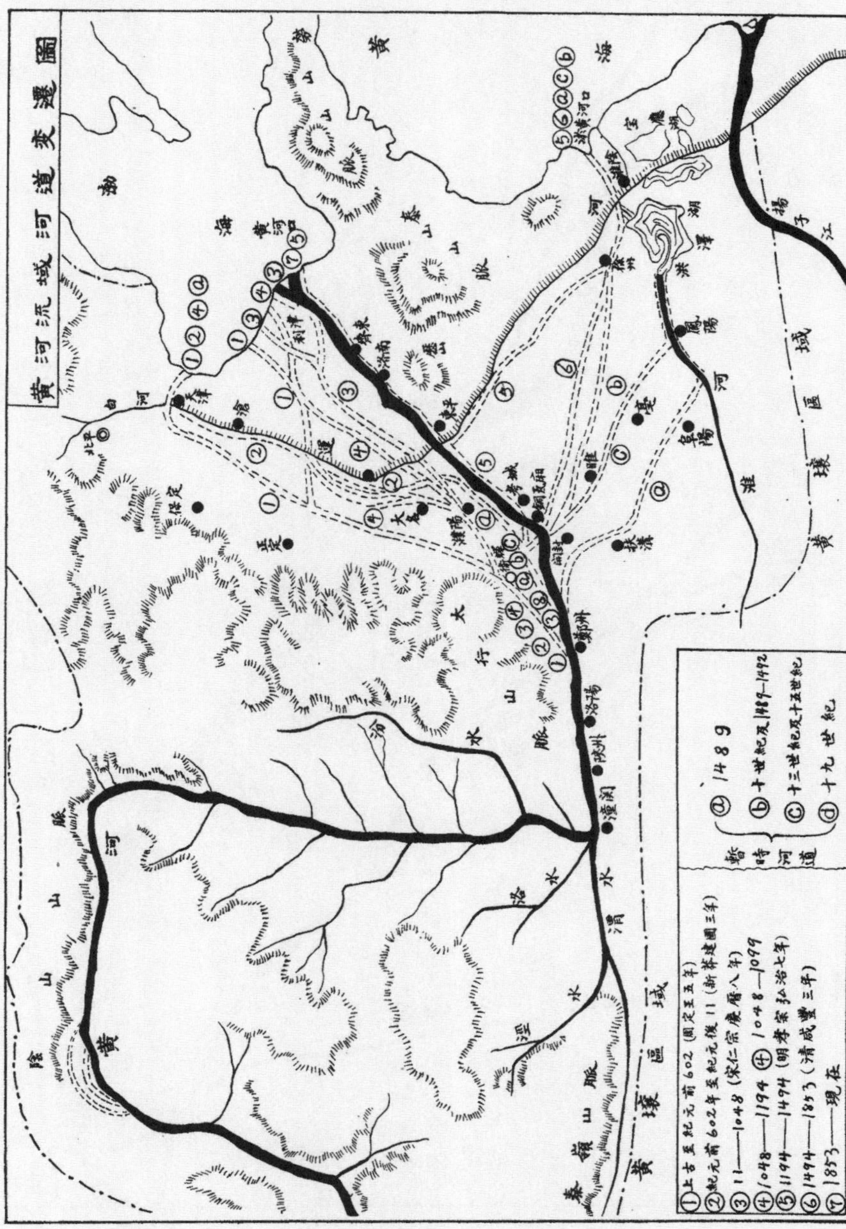
黃河流域河道變遷圖
①上古至紀元前602（周定王五年）
②紀元前602年至紀元後11（新莽建國三年）
③11——1048（宋仁宗慶曆八年）
④1048——1194 ㈣1048——1099
⑤1194——1494（明孝宗弘治七年）
⑥1494——1853（清咸豐三年）
⑦1853——現在
暫時河道
ⓐ1489
ⓑ十世紀及1089—1092
ⓒ十三世紀及十五世紀
ⓓ十九世紀

附圖二

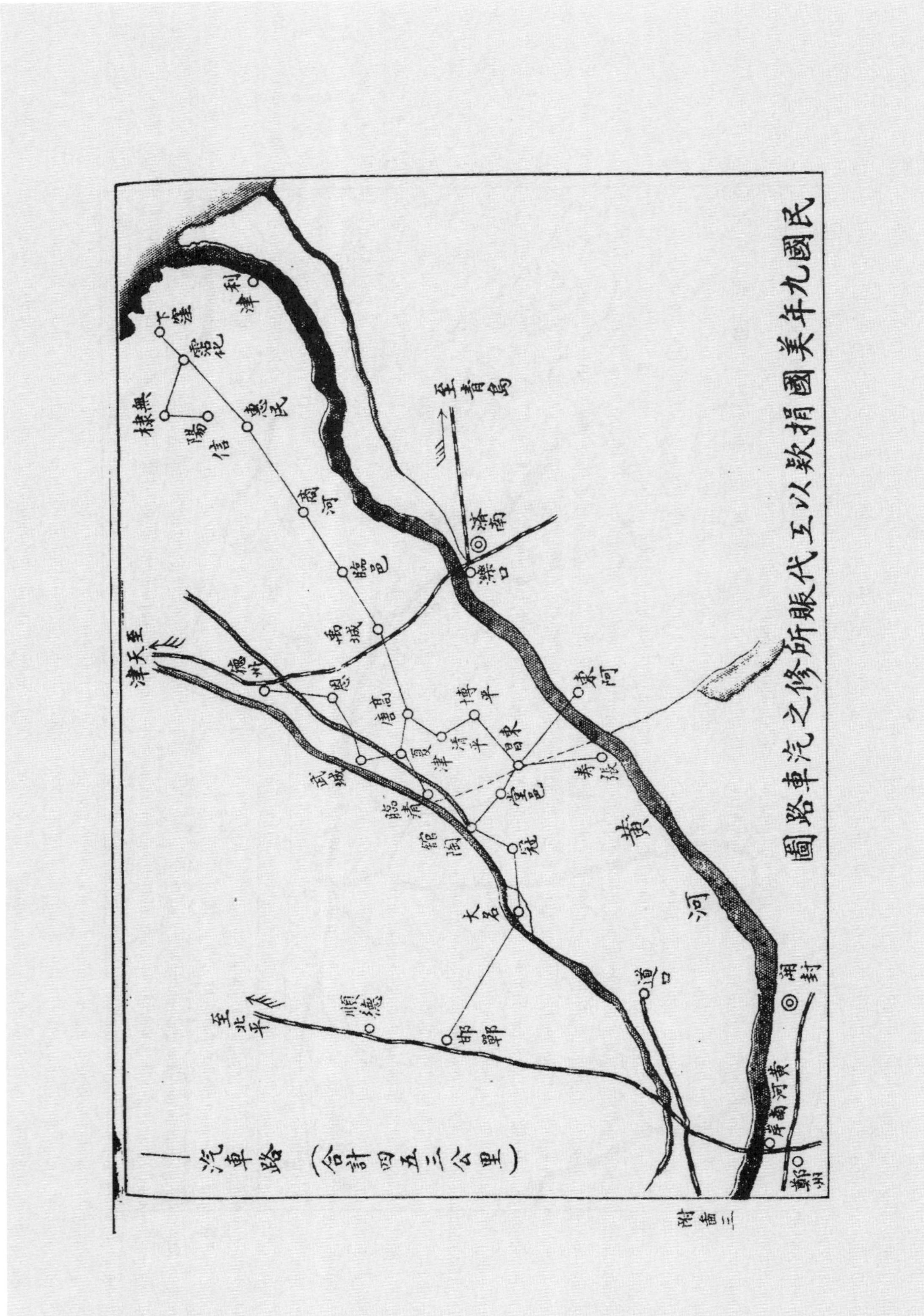

附圖三

民國九年美國捐款以工代賑所修之汽車路圖

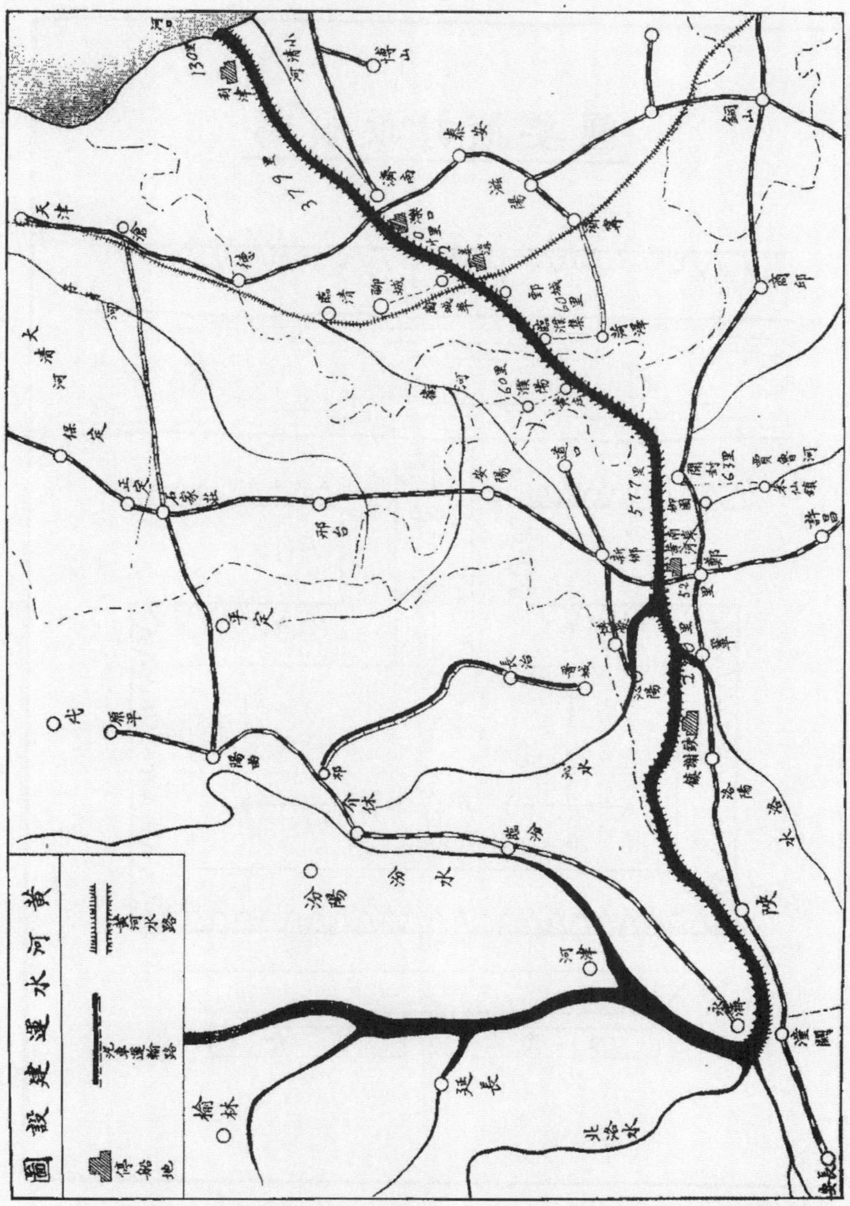

附圖四

碼頭設計概要圖

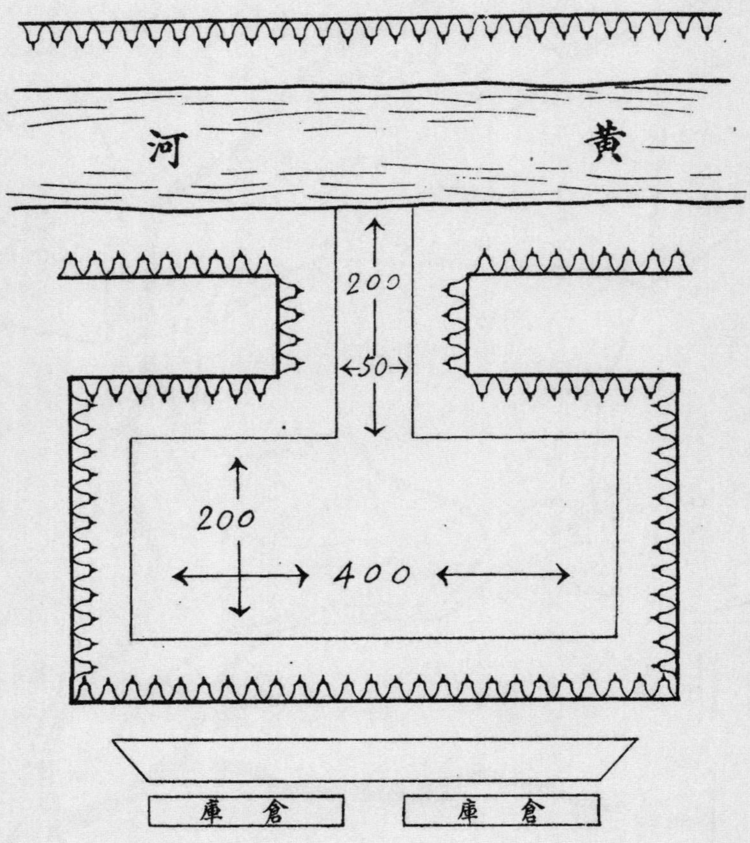

附圖五

黃河富源之利用

第一篇 概論

第一章 黃河沿岸爲中華文明發源地

文明發生。與河流常有密切關係。凡巨水所流之處。雖常被水患。然其土質必甚肥沃。利用灌漑。生產必豐。于是居民必相集而爲都市。遂爲文化之源泉。（我國陝西之渭水流域。山西之汾水流域。河南之洛水流域尤爲豐饒。亦爲漢族文化起源之地）。徵之史籍。如尼羅河之與埃及。底格里斯河之與巴比倫。恆河之與印度皆是也。

中華文明亦發生於黃河兩岸。漢族由葱嶺東來。踰崐崙。越流沙。漸蕃息於黃河流域。自三皇五帝以至於秦漢唐宋。其都城皆濱河而居。故文化之造成。亦以黃河爲濫觴。惜歷代易朝之結果。我國文化。亦恆被災禍之蹂躪。傳於後代者絕少。現在皙族所用之火藥，活版，磁針等。皆由吾國輸入泰西者。

黃河全長爲二千七百餘哩。其間經過靑海，甘肅，寧夏，綏遠，山西，陝西，河南，山東，河北各省區。浸潤我國中部者。約六十餘萬方哩。沿岸一帶之山脈包藏無限之富源。尙未開發。僅下流河南山東之沃野。爭農業之產出地。而河洛關陝。自昔稱爲文化所萃者今則民窮財盡祇餘漢寢唐宮之故址。出沒於荒烟蔓草間。徒供後人之憑弔。如能開拓黃河之水路。根本研究其水患之所在。施以濬治。俾沿河一帶。交通無阻，不特可以增進文化。凌駕唐宋。更進而建設隴海路西段直達天山兩路。恢復漢唐時代與中亞通商之舊道。則黃河流域。直爲東西交通樞紐。而漢族文明之策源地。永保無上之光榮。是則吾國民所應切實注意者也。

第二章　黃河水源及流域經過概況

黃河發源於青海巴顏喀喇山之素齊老峯。初名阿勒坦河。東流入星宿海。穿鄂陵扎陵兩湖。曲折作S形。又東經積石山之東。流入甘肅。曲折東北流。出長城依賀蘭山之麓。過寧夏。更沿陰山麓北流。再越長城。經過阿拉善與河套。東入綏遠省。過五原。經包頭鎮。而至於托克托。（此地原有水運自平綏路展至包頭水運大衰）轉而南流。行衆山間爲山西陝西之分界。過龍門峽之險灘。與山西汾水相合。始有水運。再南至潼關。與陝西之渭水合。（潼關爲西北物產集散地由臯蘭至

（此約一二〇〇哩高出海面一千呎）由此東入河南。歷陝縣東之三門峽（兩山隔立。橫截河中。北為人門。中為神門。南為鬼門。三門之中。惟人門可通。鬼門最險。）與洛水沁水相合。達於平漢路之黃河南岸站。水運始盛。又東入於河北山東二省。經濼口達於利津。至鹽窩以下。分為十數流。注於渤海。

黃河流域雖長。水運貫徹。上流由寧夏平羅縣石嘴子。至綏遠之包頭鎮。千二三百里間。夏秋兩季。雖有舟運及皮桶之便。冬季則堅冰沍結。舟航杜絕。石嘴子以西。僅以皮桶（皮桶製法詳下）往來。雖小船亦不能行。中流由包頭鎮以南至托克托。雖略有航行之利。而龍門壺口。水勢湍急。有八九尺之落差。間有通小舟及筏之類。而兩岸巖壁峭立。高千數百尺。既無重要都市。產出物品。亦甚缺乏。迨與汾水渭水合流。水量增加。故水運漸着。民船之交通極繁。汾水渭水流域之物產。向外輸出。無不利用水運。惟此段河身灣曲特甚。河水亦較鞏洛以東為淺。僅能通小型之民船。至陝縣以下。則為河之下流。三門峽（在陝縣東百里水落差有三尺）東至白坡。兩岸皆為絕壁。無停泊之處。故民船絕對無上航者。至鐵謝鎮與洛水合。（百里以上始有水運）復經汜水。（隴海路通車後黃河民船物產於此上岸）達於平漢鐵路之黃河南岸站。以此地為中心。東至蘭儀口。（蘭儀為舊日魯豫水運貿易之大市場自河北省沿岸堤防潰決水路淤塞大船往來甚難並以隴海路成商貨多由陸運貿易無形衰微然因舊時習慣利用水運者尚多民船現尚停泊於此西至鐵謝鎮。民船之往來甚繁。河北省沿岸。不過三四十里。與豫東水運略同。至山東曹州之臨濮集。與濼口間。計四百九十二里稱爲利用黃河水運之處。大小民船約有三千隻內外。濼口一年間輸入總額在山東一省達於七千萬噸以上其隆盛可知濼口以下五百餘里。水深流緩。民船雖可自由航行。而沿岸物產甚少。且與小清河成平行綫。除利津蒲台純賴河運外。其他各縣之物產。不盡由黃河運輸。故與濼口以西之水運。比較甚微。其從上流運來之貨物。每由濼口登岸。至濟南之黃台橋。利用小清河之水運。經羊角溝而輸出渤海沿岸。則因黃河口與海洋無連絡之港故也。

黃河之奪濟入海。距今僅六十餘年。而堆積河口之泥沙。已成一大塊之冲積地。在利津之河水。有七米突之深。至於河口不過三米突至一米突內外。據英人喀皮之測勘。黃河每年由蒙古沙漠地方所輸送之泥沙。約達五十七億立方呎之多。最少十分之二。止於河底。比大江輸送泥沙量少十億立方呎一九零三年我國海關職員役拉氏視察黃河下流。研究其治水方法。據該氏之測定四月以前未增水之時。在濼口每秒三萬〇四百立方呎。利津每秒二萬零四百立方呎。與喀皮氏之測定略相等。惟役拉氏則謂黃流之泥沙。十分之六。汜濫於地方。十分之二三。止於河底。流入海者。不過十分之一。而漢書溝洫志。亦謂一石水。五斗泥。可知黃河泥沙之多。自清咸豐三年。河決楊武堤。東趨大清河。南河遂廢。當時大清河河幅有一里左右。水深有五十尺。能容納全河之水量。其後治水方法。毫不講求。僅知增高堤防。而不爲根本之救濟。一任河水之奔騰橫溢。俾數千里之長流。河口漸次淤塞。河身因泥沙堆積。次第增高。妨礙水之流通。自然轉於低地。而屢經改變。據光緒五年清政府派員實測黃河水面之結果。實比平地爲高。計比利津高二寸。蒲台高一尺八寸。濼口高五尺。開封高一丈三尺。中牟高二丈二尺。沿河各縣如在釜底。危險殊多。而河口本流之幅。爲一、二〇〇米突。水深三米突。速度〇、八節。利津以西。常虞氾濫。其宮家壩（在利津西民國十一年潰決翌年由美款修築堤防）之舊大清河口。今反成爲安全地帶。政府亦奬勵開墾。顯著滄桑之勢焉。

黃河水災。常在春秋兩季。一在春季解冰之時（俗稱桃花汛）一在大雨時行之際。而水患之總因。胥由河床增高。河口淤塞之所致。故浚渫河口。爲根本治水方策。然以黃河輸送泥沙之多。浚渫之事。實非易舉。此項工程。應如何設計及工費需用若干。均須詳爲研究。非投鉅額之資本。作長時間之規畫。斷難生效。特以二千七百餘哩巨流之河口竟無從海洋進口之民船。斯誠不無遺憾者也。

黃河沿岸。地上表皮均係黃色細沙累積之土壤。其厚有三百尺以上之處。然至魯豫之交。農民利用井水灌溉者甚多。其不深可知。（開封一帶據調查者實測掘地百五十尺左右卽達地下水）然黃土表皮。沿岸各地雖有相當之厚薄。而此表皮之黃土層因細沙而成。富於粘着力。雖降雨數時。不過浸潤二三寸許。大雨之際。水難外泄。每相集而瀦於低處驟然成一洪水。若遇乾燥。恰與煉瓦有同等之硬度。故到處有煉瓦之材料。且因車馬之經過。將土塊破碎。碾爲細沙。一旦大風將細砂捲起。黃塵萬丈。咫尺不能辨。稱之爲霾。雨後道途泥濘。甚至沒膝。

第三章　黃河歷代變遷及水患

黃河本支各流所通之處。既皆黃土冲積之地帶。復因泥沙堆積。致水面隆起高於附近一帶之平原。而歷代治水方法惟知增高堤防以備氾濫。此外防衛之途絕不講求。當大雨洪水會合之時。每將堤防潰決。甚至變更其水路。徵諸歷史。大抵二三百年。改道一次。不另籌浚渫河口之方策。欲使水患永弭。此必不可能之事也。

黃河河流之變遷以河南河北兩省爲最多。河套中河流曲折。兩岸毫無抵抗力。任其浸蝕。雖多變遷。而地處荒遠。紀載絕少。中流入山陝之交。兩岸帶山。水爲山束而不致氾濫。及鞏洛以東。始由高地流入平地。遂如駿馬馳坂而不可抑勒。史稱河道古今凡九變。其實當不止此數。如現在之子牙河，漳河，衞河，徒駭河，馬頰河等。皆爲黃河故道。因本流之變遷。而別爲一流。

禹貢所謂導河積石。至於龍門。南至華陰。北至底柱（即三門峽）又東至於孟津。東過洛汭。至於大伾者。與現在鞏洛以西之河道。實無出入。至浲水（即濁漳河）大陸以下。所謂九河者。僅傳其名。茲將天津以南與黃河現流之間。殘存數派之東北流者。摘記於下。

1. 夏禹時之故道　由河南滎澤東北行。經滑縣東北而入於渤海者。
2. 周定王以後之故道（西紀元前二五二八至二五〇七年）　由河南濬縣向東。至漯川東北行。過河北山東至天津而入於渤海者。
3. 東漢以後之故道（西元二五〇年以後）　由河南濬縣經河北山東。由利津入渤海者。
4. 宋代之故道（西元九六〇年以後）　由河北關門至運河。東北流經過河北山東。由天津入海者。

就水經考之。漢代河道。由今之河南省汜水附近東北流。過武德（今河南武陟縣）黎陽。（今河北濮陽縣）東阿。（今山東東阿縣）由利縣（今博興附近）入海。東阿以下。與現在河道略相等。蓋自河口兩次東遷。（一在周定王五年一在漢武帝元光三年其在天津附近之本流。漸次轉移於山東。水患漸大。如文帝時之酸棗堤今濮縣附近武帝時之瓠子堤今濮陽縣破壞是也。堤防潰決。北流者悉變爲東流。

唐代水道。與水經所載。無甚出入。昭宗景福二年。由下流厭次縣。今山東惠民縣東北流。經渤海縣今山東濱縣之西北入海。河口少爲變轉。

宋代水道。改變最多。其山東之河道。輾轉北徙。仁宗慶歷八年。南胡掃潰決今河北清豐附近而東流。嘉祐五年。因潰決魏之第六掃。其北流者更爲南北二流。稱爲二股河。北流者由今之大名過冀縣深縣。由天津靜海縣入於海。與漳河殆同一水道。南流者由大名經德縣。至今之老黃河口入于海。神宗熙寧二年。二股之間。北流者與南流者合。元豐四年。復注於北流。哲宗元符二年。南流之水全杜絕。與北流合而爲一。至南宋光宗紹熙五年。西歷一一九四年河決陽武隄河內東部東流過開封。棄山東河北之水道。南趨江蘇。奪淮入海。爲有史以來之大變更。

黃河流域與淮水流域。在河南中部。本相聯絡。滎陽諸水及汴河等。支流旁出。每與淮水支流之汝穎相合。漢元光中。瓠子堤潰決。注於鉅野。通於淮泗。武帝親臨河壖而督防之。足見河淮交流之易。其後歷代治水。亦皆以防河南遷爲要圖。迨宋熙寧中。黃河有一支流與淮相通。水患頻仍。當時漸有講求杜塞其二股之北流。復使南流之議。神宗時司馬光建議。略以欲塞二股河之北流。恐勞費不易。幸得杜塞。然其東流淺狹。隄防不全。必至於潰決。不如待二三年。東流益深闊隄防稍固。北流漸淺。以備薪芻塞之爲便。由此加力而使之南流。蓋宋代苦於水患。欲導河南流。暫紓近畿之民困。而河北大名地方。實爲變遷之地帶。漸轉移於河南河內。遂肇紹熙中陽武隄潰決之事變。而開南河之新河道。

自河道南遷以後。六百五十年間。無大變動。元明二代之水患。以河南河內之陽武隄以東。開封歸德之間爲最甚。延及於山東西南部。江蘇北部。至清文宗咸豐三年（西歷一八五三年）河決銅瓦廂（河南蘭儀口東）轉入舊時方向。東北流入於山東。奪濟水入海。卽現時之河道。其江蘇之故道。河底漸高。水流斷絕。漸次化爲田圃。栽種落花生甚多。

清季水患。以山東省東部爲最多。德宗光緒十八年。河口北岸隄防崩壞。氾濫於惠民濱縣一帶。漂流魏家集之村落。旋南隄亦潰。水溢入齊東幅三十哩長七十哩之間。由壽光入海。是年九月。濟南東二十哩大隄破壞。流入小清河。齊東縣之隄亦再決。而漫溢於羊角溝一帶。光緒二十年至二十四年間。濟南齊東平陰之隄。各有潰決。其被湮地方。

在北岸有二十三縣。南岸有十一縣。至光緒廿七年。河水由濟南東北溢出。連於小淸河。約一百哩之間。盡成澤國。

最近水患。以民國二年河决河北濮陽之雙合嶺。及民國十一年河决山東利津之宮家壩兩役爲最鉅。前者由政府發帑四百餘萬。期年始塞决口。後者由美國捐款。修理其堤防而杜塞之。

第四章　黃河缺點之研究

黃河在吾國北部。爲主要河流。以水患頻仍。致爲一般人所指摘。謂黃河缺點甚多。故不能如大江之安流。每遇氾濫。人民蕩析離居。國家亦歲糜巨帑。與水爭尺寸之地。似黃河之在吾國。有百害而無一利。其實黃河之缺點。並非絕無補救之方策。特歷代治河者。僅知防止水患。而不知興修水利。爲可惜耳。玆就一般人所指摘黃河之缺點。分別研究之。

1. 水勢急激而水流混濁　按黃河之流速。以三門峽爲最激。約在四米突內外。然較之巫峽瞿塘。猶爲紆徐。其他各處。則在二米突半以下。與長江水流之速度。無大差異。鞏洛以東。流入平原。更少急流。雖民船航行稍有困難。誠有發動力之汽船。當可暢駛無虞。特河水所含泥沙較多。致水之深淺無定。民船對航之際。時有戒心斯則不無障礙耳。

2. 增減水之差甚大　黃河之水。據河工人員報告。差量甚大。其實黃河水量之差。最大不過四五十尺。擬諸大江上流百三四十尺之差。相去甚遠。

3. 河口冬季結冰且河身之水不深　北方諸港以天津白河口冰期爲最久。黃河口之冰結尚不若天津之甚。若使用碎冰船。亦可以自由航運。否則如天津冬季三個月間之休航。亦無不可。至河口水量之深淺。據日本海軍水路部之實測。黃河口之乾潮。水深有二尋。在天津壩不過有二分之一尋。白河口尚可利用。黃河入海之處。當不無發達之希望也。

4. 在河北省沿岸多淺灘　河北省流域之淺灘。雖非浚渫不可。然現在爲不可能之事實。如能特別使用吃水二三呎之船。當可救濟。浚渫而後。則吃水三四呎以上之船。亦能通航無滯。

5. 河道之變遷無常　黃河河道之變遷。徵之歷史。至少須二三百年。變更一次。因河口之河床。漸次增高。自然防害水流。遂由他口流出。並非起於短時間之變動。現在黃河改道。距今僅六七十年。河口亦有相當之水深。誠能及早疏浚河口。俾不至防害水流。此後黃河當永無變遷之虞。據近世學者所研究。中央亞細亞一帶以至我國內地之水量。有次第減少之趨勢。河患或可逐年遞減。卽使河道變遷。而以二千七百餘哩之長流。決無全水路湮滅之理。此則無庸鰓鰓過慮者也。

第五章　黃河經營之方針

上章所述。黃河雖有種種缺點。並非絕無救濟之策。然吾人對於黃河之計畫。不但使之消弭水患。且欲利用此巨流。以開發沿岸各地之富源。則五千年來未整理之黃河航運事業。尤爲現在扼要之圖。特經營航路。須固定巨額之資本及修理費。方可完成。誠能使鞏洛以東之河流。得以直航入海。而無稍梗阻。與宜昌以下之江流相頡頏。不特原料之供給。貿易之發展等。獲利必多。對於政治上及國防上亦有莫大之利益焉。

茲預擬經營上之方針如次。

一、航綫　先定平漢路黃河南岸站。及津浦路所經之濼口鎮。爲第一期航綫。以此兩地點。爲現今黃河水路之主要區域。且爲平漢津浦幹綫所經過。此綫完成。則集散於鄭縣市場及山東西部之物產。爲外國所需要者。可以盡量輸出。迨第一期綫之收益。漸次發展。再爲第二期航線之擴張。並在河口築港。與外國開一直航路綫。以黃河沿岸物產之豐富。不數年間。河口或可成爲第二上海。鄭縣亦不難變爲第二漢口也。但貨物運費應以價廉爲目的耳。

二、造船　先以最小規模之船。試航全河。實測河水之深淺。爲着船場之測量。並據其報告。而爲造船之預備。但因鐵橋限制。卽水量較深。恐亦不能採用大船。擬先定爲二呎內外之淺吃水船。採用石油機關。作爲平底。雖至減水期間。行航亦無障礙。對於渭水汾水洛水之較大支流。則採用特別式船。水深八吋亦可航行。

三、碼頭設計　民船在黃河沿岸。雖可停泊。但因河岸甚高。裝御貨物。至感不便。且夏季增水期間。停泊亦多窒礙。故非於沿岸適宜地點。建築碼頭不可。此項建築。卽於河岸之旁。擇其地面與水面相平之處。掘一方池。鑿開河岸。與河水相通。其深以能容納百担至六百担之民船及輪船爲度。並於池之四週。修築斜面卸貨場。其貨場務使斜度少低。俾易搬運。一面再於池之岸上。建築倉庫。以便存貨。至建築此項碼頭之地點。以平漢路之黃河南岸站。山東省之濼口及利津等處爲宜。

四、建設發電所　近代工業趨重電氣化。如美國之尼加拉瀑布與俄國之第聶泊爾河。均能利用天然水力。建設發電所。以發展其工業。我國水力以黃河之壺口龍門爲最適宜。尤以壺口之水力爲最大。按壺口一名孟門山。在陝西宜川縣境。他岸則爲山西之吉縣。瀑布約高九公尺。寬五十二公尺。上下水面落差。爲十五公尺。而兩岸之山亦不甚高。雖冬日結冰三四月。然附近煤礦與石油藴量甚富。如以之設廠。利用電力。以興工業。實爲開發西北之唯一急務。

五、開溝渠　近來西北之開發。國人頗爲注意。誠以黃河百害。惟富一套。且寧夏平原水利之大。亦甲天下。惟是西北山岳衆多。天氣苦旱。是其缺點。如廣造森林。固可以調節氣候。維持地表之團結力。但收效必須數十年後。若爲目前救急計。莫如多開溝渠。俾荒蕪之地盡變水田。則非但可免氾濫之災。且可利用灌溉。以發展其墾植事業。實屬一舉兩得。茲將各地之水利略述於下。

(甲)河南以下之河渠　查黃河河身。近來淤積日高。濬疏既感困難。則莫若因勢利導。開徐州黃河故道。入運達淮。並於兩岸更開無數支渠。擇其水位高處。安置虹吸管。使向兩岸低處分佈。以資灌溉。俾附近荒田。盡變水田。

(乙)陝西河渠　查陝西涇渭洛三水灌溉區域。估計達四百八十八萬畝之多。且均爲産棉區域。民國二十一年涇惠渠告竣。用款約計百萬元。灌田百萬畝。全區收入年增一千萬元。若再將洛渭諸河流均行開渠灌田。則陝西將永無凶歲。

(丙)綏遠河渠　綏遠氣候乾燥。河套一帶。土質含沙極多。旱則沙隨風起。潦則一片汪洋。按河套地方。舊有官渠八道。灌田萬頃。惟年久失修。多已湮塞。前馮玉祥先生駐防包頭時。曾派兵開濬。惜未竣工。民國十八年綏省因救濟旱災。由該省府與華洋義賑會在薩托地方。合力修築民生渠一道。長二百里。以澄口之黃河岸爲起點。東流黑河。仍入黃河。灌溉區域。包有薩拉齊包頭托克托三縣之廣。預計灌田約百萬畝。所惜建設工程。未盡完固。以故多已淤塞。果能將舊有官渠八道。並民生渠一道。一併開濬。藉以灌溉民田。卽河套一區之收獲。已足供綏遠全省民食之用。

(丁)寧夏河渠　寧夏平原。河渠交錯。肥沃之區。稻可兩熟。所謂黃河水利。甲於天下。卽指此也。該處原有河渠。計有(一)漢延渠。長約二百三十里。灌溉區域約三千八百九十頃。(二)唐徠渠。長約三百二十里。灌溉區域約四千八百頃。(三)惠農渠。長約三百里。灌溉區域約兩萬頃。(四)大清渠。長約七十五里。灌溉區域約二千一百頃。此外如平羅靈武中衞等縣。小渠尚多。悉受黃河之惠。以上渠閘均係以石砌成。堅固整飭。倘能管理得法。勤加濬疏。則事半功倍。必可將該處變爲富區也。

(戊)甘肅河渠　該省地勢絕高。空氣乾燥。雨量甚少。昔爲導水屯田名區。今則變爲荒涼之地矣。按皋蘭人民每利用水車。汲水上升。灌溉田畝。計大車每輪可灌田七八百畝。小車每輪可灌田四五百畝。因而河之兩岸排輪。恍如雉堞。又以河水渾濁。其泥可以糞田。居民每於河灘。築成方圍。下留缺口。自上方引水。流入其中。俾河泥淤壅。積久成爲水田。如能提倡辦理。則可盡變沃壤。洵良法也。此外如湟水西寧河大通河烏蘭木倫河洮河祖厲河清水河及各支流之匯入。或灌溉於附近。或來源自西北。果能利用開導。並可變荒地爲良田。至靑海水旱之災較輕。且有古渠存在。間尙可用。惟該省人口稀少。且都爲遊牧生活對。於水利並無急切之需要耳。

以上所述。則黃河流域生產發達。運輸便利。直接間接。影響於吾國北部者甚鉅。試分述於下。

1. 黃河沿岸富源。冠於全國。航運發展。則大平原內地所出之物產。利用運費低廉而輸出必多。
2. 黃河流域各種之事業勃興。必可使生產力增加數倍。
3. 內地居民所需要之日用品。價格必漸低廉。
4. 航運通後。與各鐵路之聯絡綫。得互相利用。對於山東之膠濟路。尤爲重要。濟南青島間。必有莫大之發展。
5. 黃河航路完成。有促進陝西甘肅山西等省開發之偉效。
6. 山西省之各種礦產。在南部者。其全部得以開採。
7. 沿岸各地。有發達工商業之機會。各國所需要之工業原料。如以廉價輸出。於國際經濟上。有偉大之效果。
8. 西北開發。可以闢東西貿易之新路。進展至新疆及中亞。
9. 河口築港。其沿岸各市場。亦必隨之而興起。對於黃河流域一帶之文化。必有相當之進步。

10. 利用水利。發展實業。內以供西北人民之需用。外以杜國內洋貨之傾銷。

第二篇　黃河下游之現狀

第一章　黃河下流河形及沿岸之概況

黃河水道。蜿蜒屈曲。就河幅水深流速而言。各處相差甚大。與揚子江無異。惟上流行於荒遠。中流踞於山岳。對於民生國計。影響尚尠。迨由高地流於平地。河道屢經變遷。歷代治水之法。又復以培高隄防。爲唯一策略。遂致河患頻仍。直接害及民生。間接影響國計。然水道交通。亦惟此平原之河流。尚可利用。特不能注意整理。枝節航行未能暢通無滯耳。茲將下流河勢。分三區研究之。

第一區　自陝西潼關至河南陝縣

潼關 九十五里 閿鄉 一百〇五里 靈寶 一百里 陝縣共計三百里

此區間河幅三百至五百米突。水深一至七米突。流速一至二米突半。河底雖爲黃土。然到處亦有岩盤。因之常生漩渦。河流甚彎曲之河岸。皆爲急斜面之丘陵。平時無何等設備。時有浸蝕。兩岸之土沙。次第陷落。河幅增大。其河流自然偏倚。河中湧出沙洲。益增水路之彎曲。而水流急湍之處。其水瀨之深淺。卽熟練之水夫。亦難施以實測。當地使用之民船。皆爲淺吃水之平底船。兩岸因迫於急斜之部分甚多。僅於各縣城市鎭所在處。稍有平地。物產亦少。祇靈寶附近。產棉花及棗較多。民船輸送之物產。集中於潼關。

第二區　自河南陝縣至平漢路之黃河南岸站

陝縣 一百九十里 垣曲 二百四十里 白坡 十里 鐵謝鎭 一百九十里 洛水口 一百三十里 汜水 九十里 黃河南岸

共計 六百五十里

此區河幅四百至六百米突。河底與第一區相等。陝縣與山西垣曲之間。兩岸山岳重疊。水從斷崖間流出。勢甚急激。距陝縣下流百里之三門峽。卽砥柱山蟠結地。飛珠四濺。流沫成輪。水流至四米突。下航之船。時虞顚覆。卽熟練之舟子過此亦極形惶恐。東經垣曲。至北岸之白坡。爲黃河由高地流入平原之地點。自此以東。彌望無際。南岸則丘陵斷續。直與平漢路之黃河南岸站相接。白坡東十里爲鐵謝鎭。水流較緩。河岸兩旁。有完全之護岸。實最良好之停船場。對岸孟縣西虢之碼頭。以近來道淸鐵路。展綫至此爲黃河北岸物產之出入口。惟運費甚大。且除道清東端。利用衞河水路外。他無輸送之途。如能發展黃河航綫。與道清路相接。則淸化鎭之鐵器山西晉城之礦業。必能日有發展。至洛水入黃河之口。東岸爲七里鋪。西岸爲孫家灣。河流至此。水量益增。舟運亦漸便利。再東爲汜水。河口碼頭。並無何等設備。附近各地。爲產棉區域。每新棉收獲。堆積如山。自隴海路通。河運貨物。多由此上陸。雖爲小市街。而商貨輻輳。幾與平漢路黃河南岸車站相等。平漢路自河北南下。建鐵橋於河上。通過河面。設站於廣武山麓。其初穴居之民。不過數十戶。後乃漸次增加。凡由黃河上流下航之民船。皆集於此。貨物上陸後。更由平漢路輸入各地。附近河床甚寬。約三千米突以上。中流涌出許多沙洲。水流分爲數支。其中間之河流。水勢混濁。且甚急激。商船停泊。均在南岸。裝卸貨物。亦稱便利。故設計黃河航路第一期綫。即以此站爲終點。將來與平漢津浦隴海三大幹路相聯運。以吸收黃河沿岸之物產。當必益致繁榮。特現時平漢貨車。不敷支配。未能爲充量之運輸。隴海通後。商船每上航至汜水上陸。對於平漢之運務。似不無影響也。

第三區　自平漢路黃河南岸車站至山東濼口

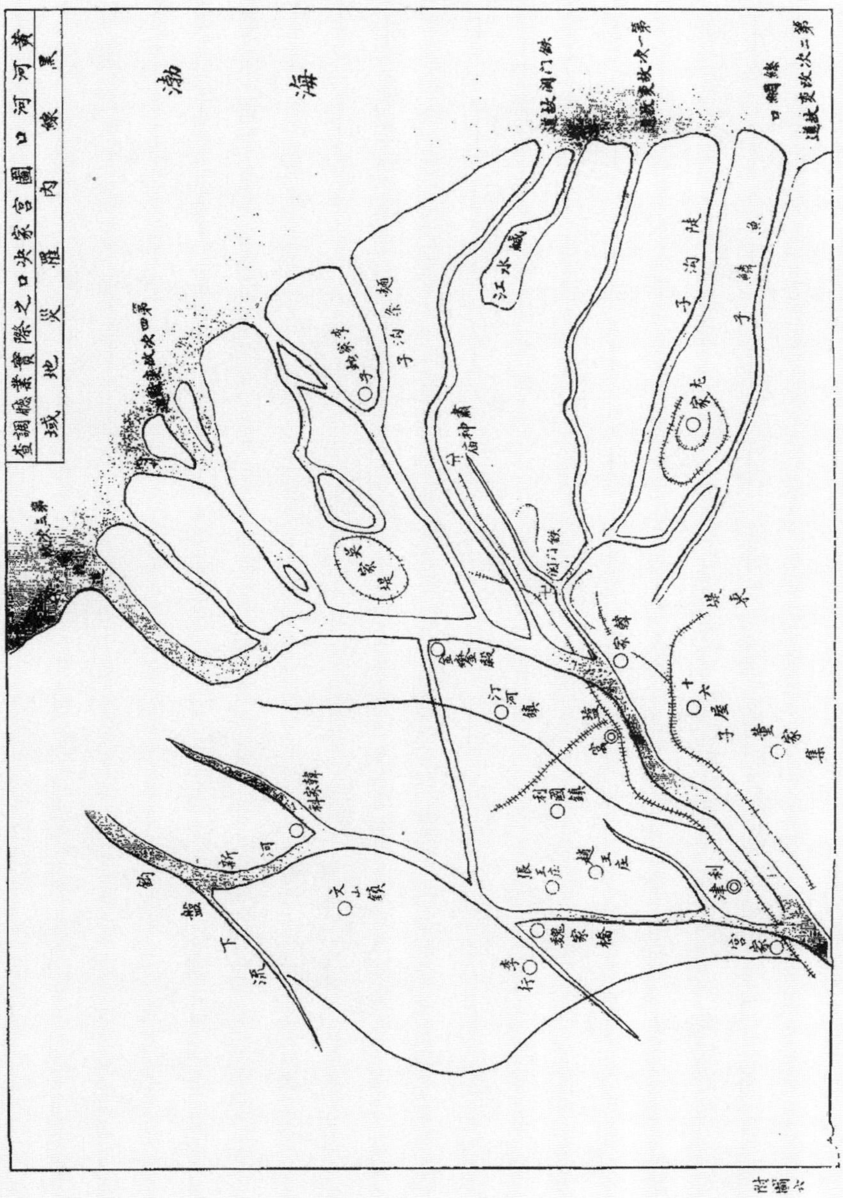

附图六

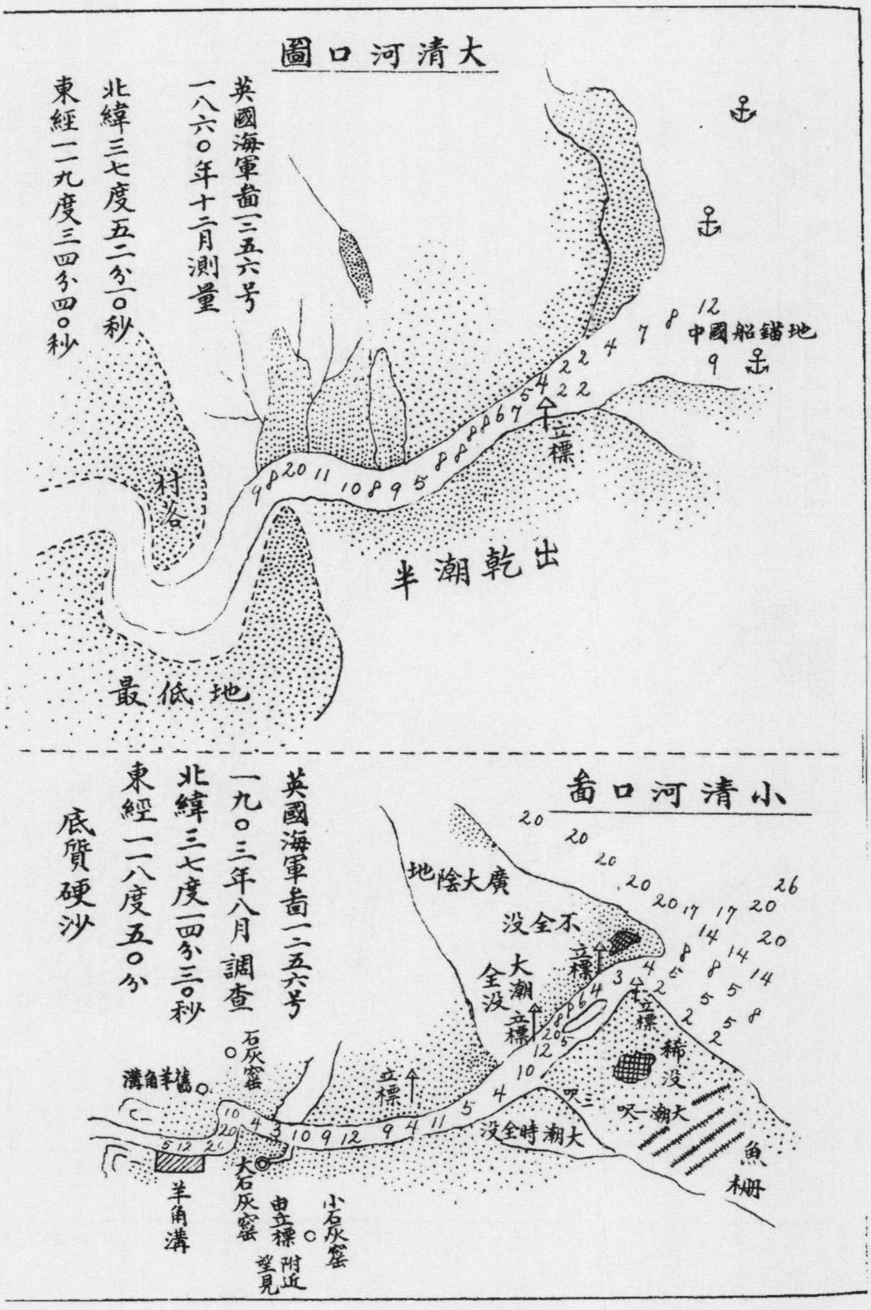
大清河口圖
英國海軍畵一三五六号
一八六〇年十二月測量
北緯三七度五二分〇秒
東經一一九度三四分四〇秒
中國船錨地
立標
村落
半潮乾出
最低地
小清河口畵
英國海軍畵一二五六号
一九〇三年八月調查
北緯三七度一四分三〇秒
東經一一八度五〇分
底質硬沙
廣大陰地
不全没
大潮全没
立標
石灰窰
羊角溝
大石灰窰
小石灰窰
由立標附近望見
稀没
大潮時全没
魚柵

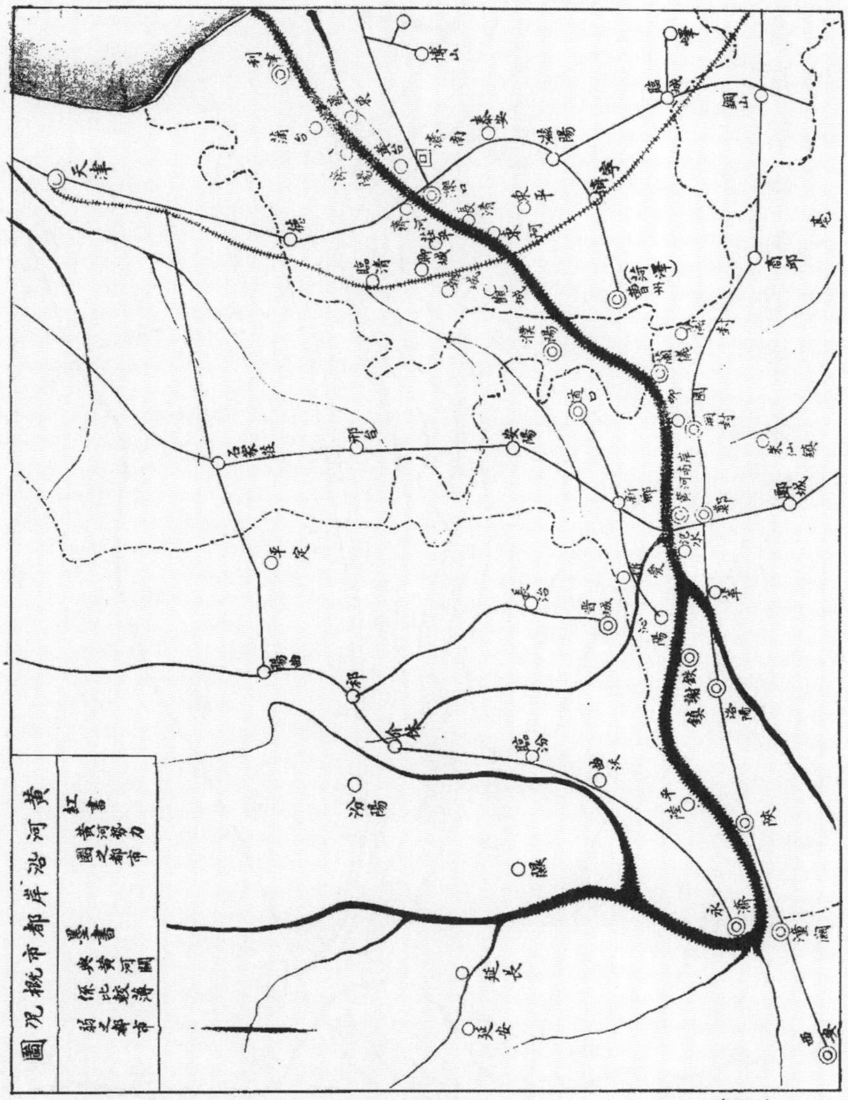

附圖八

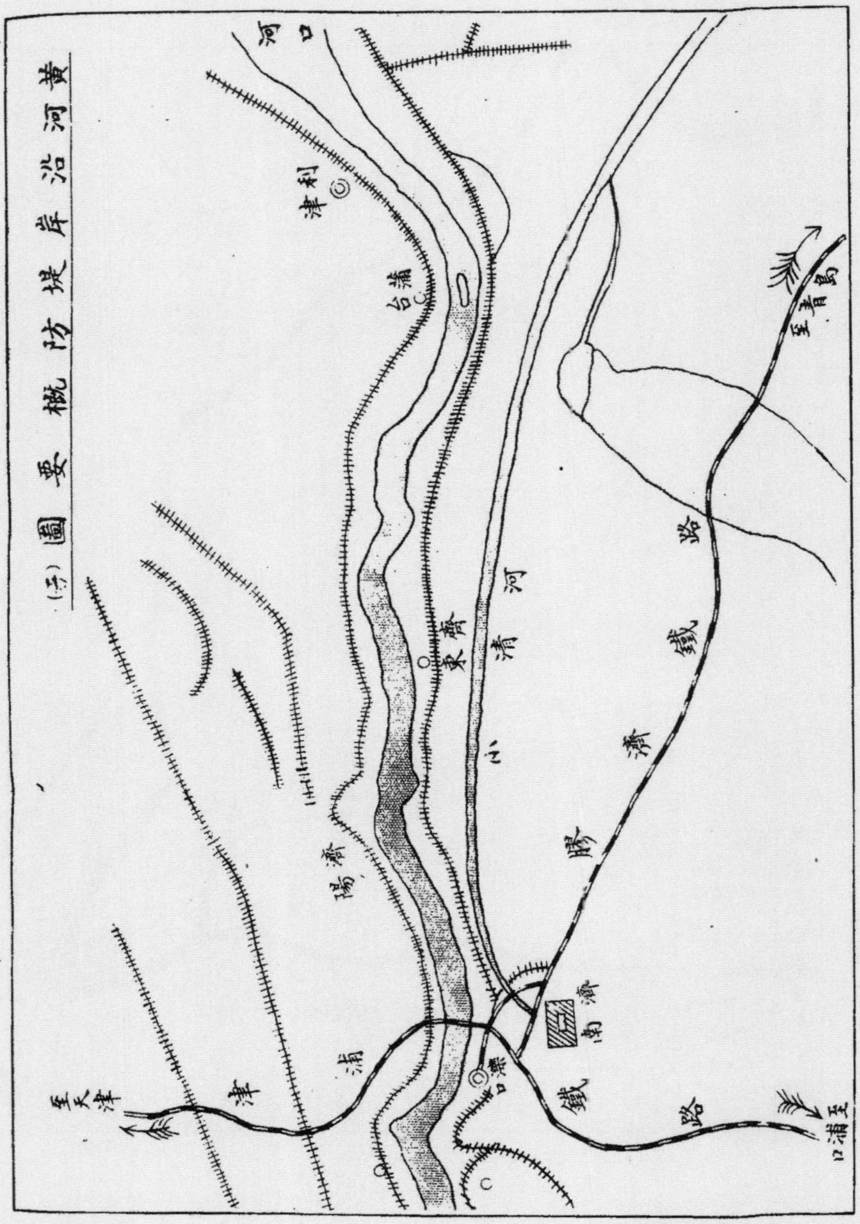

附圖九

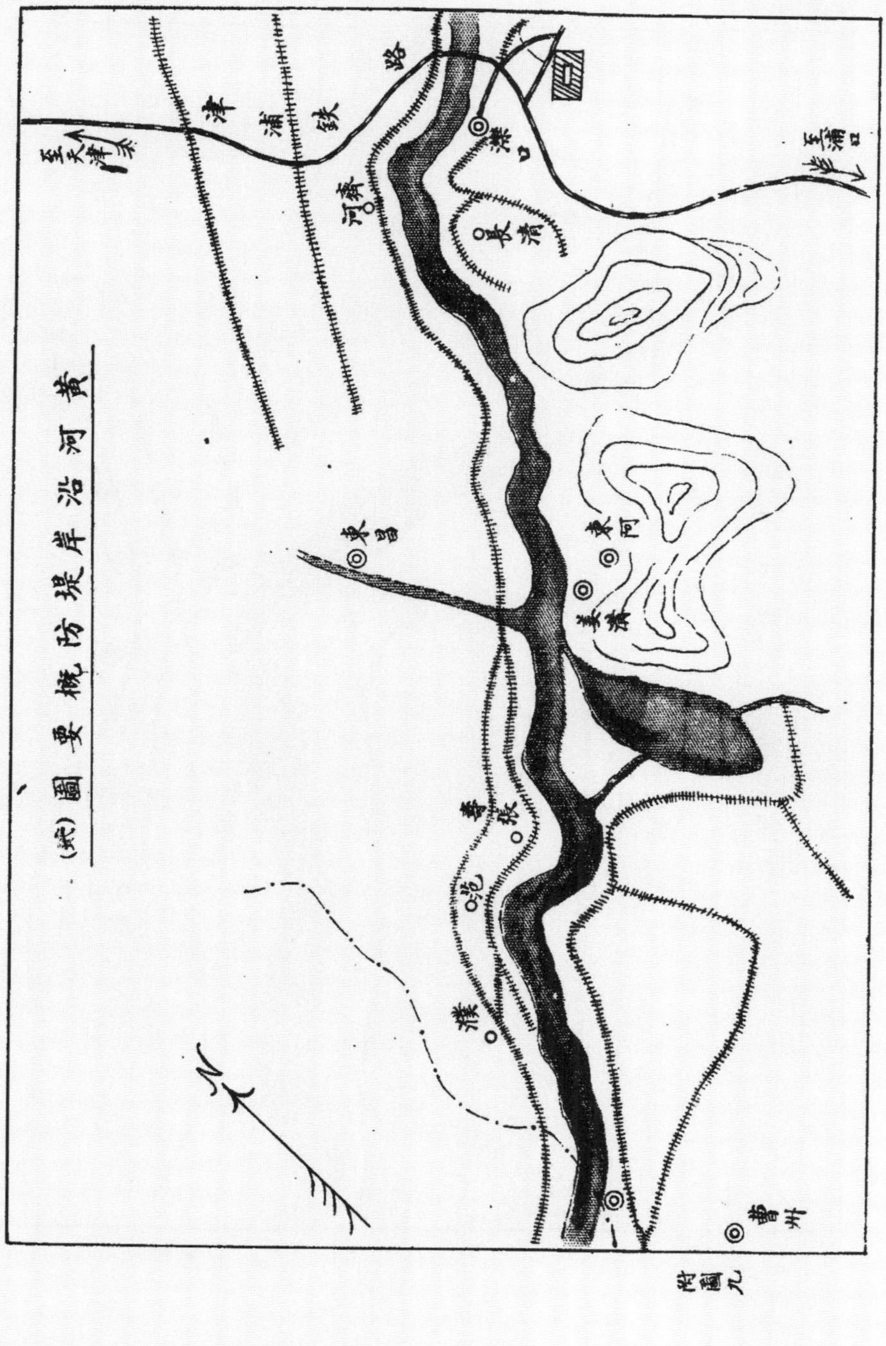

附圖九

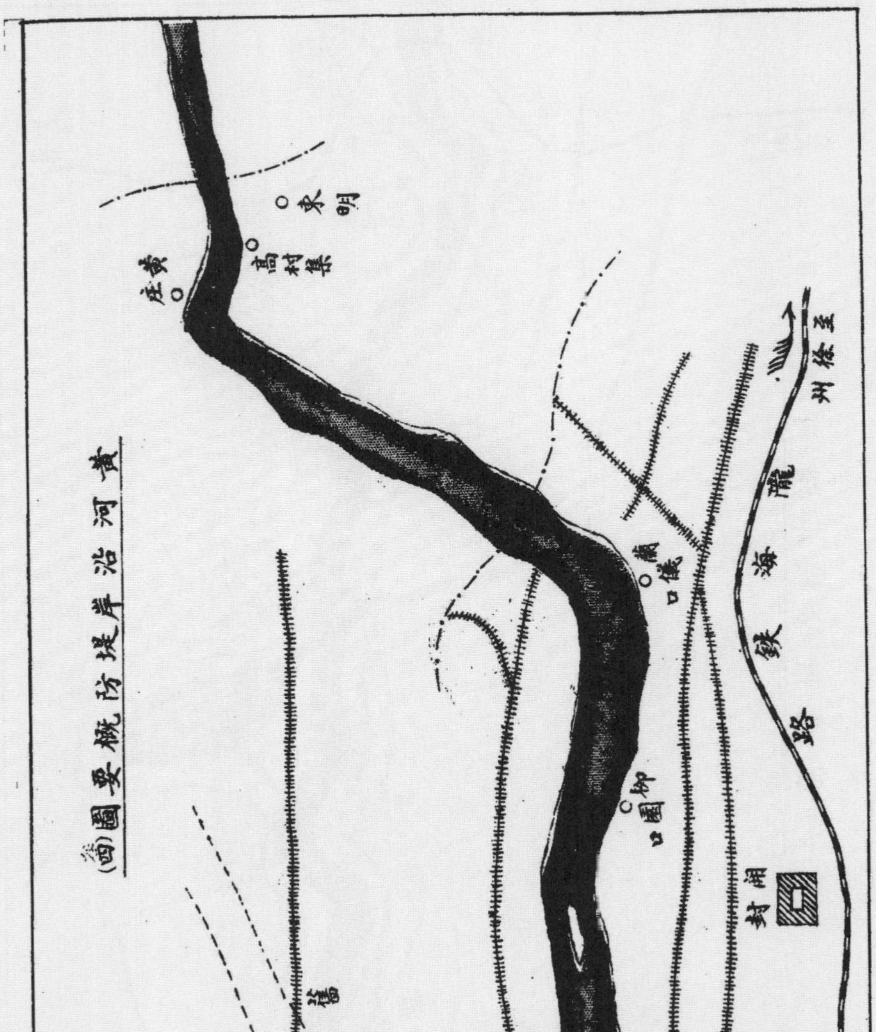

附圖九

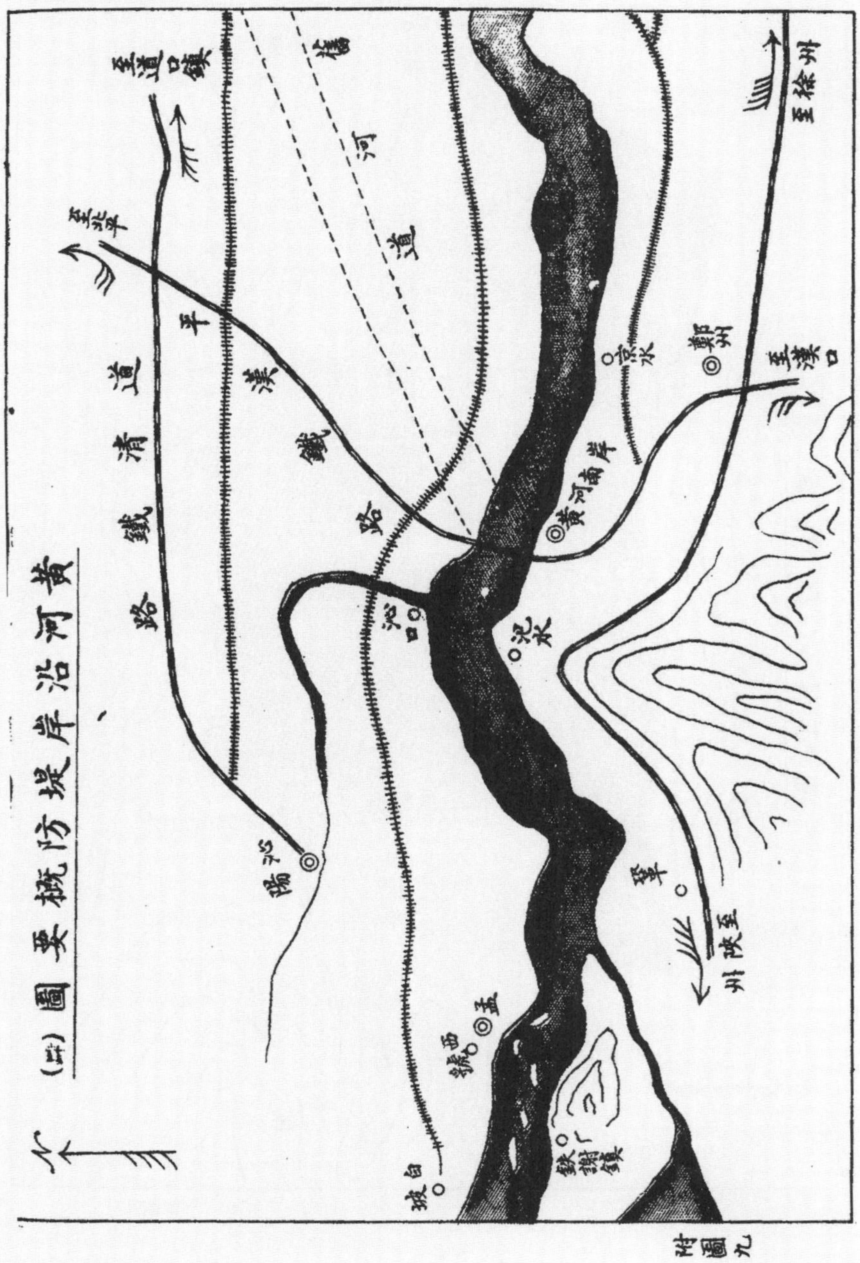

附图九

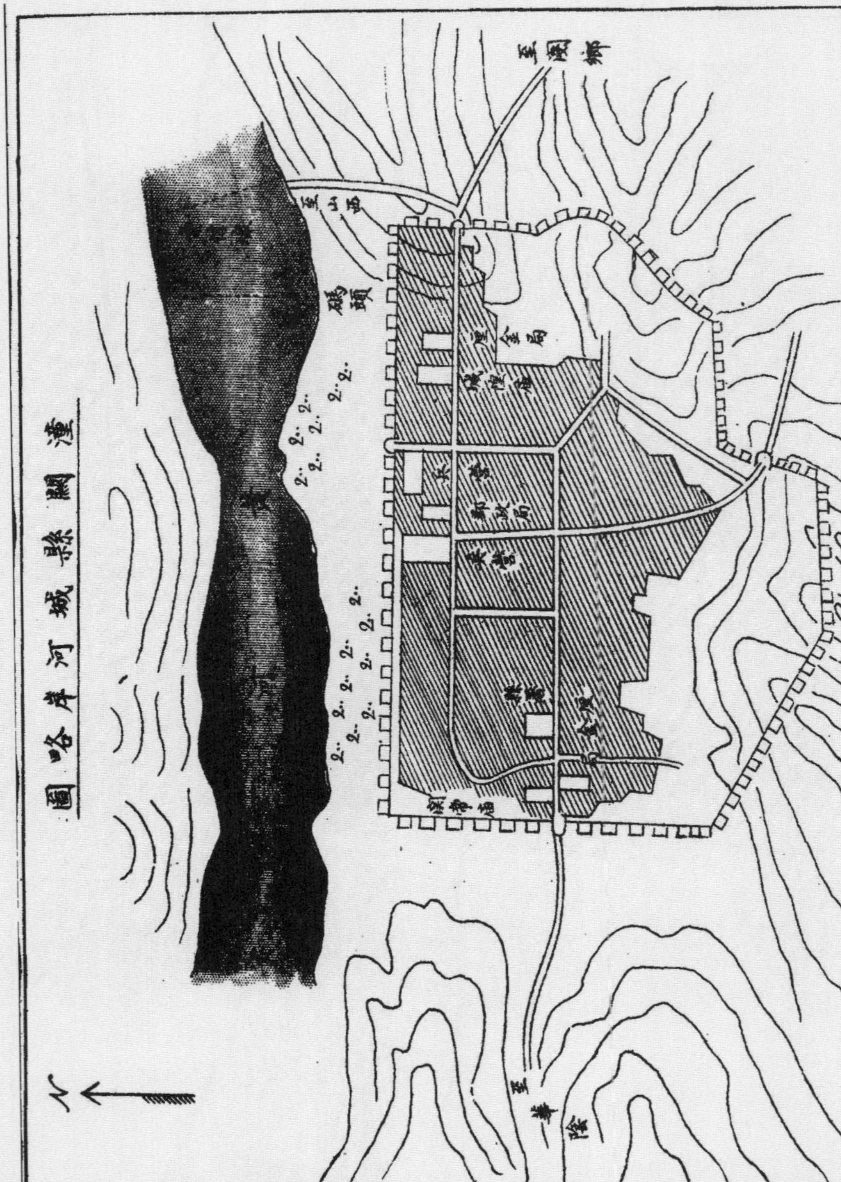

附圖十

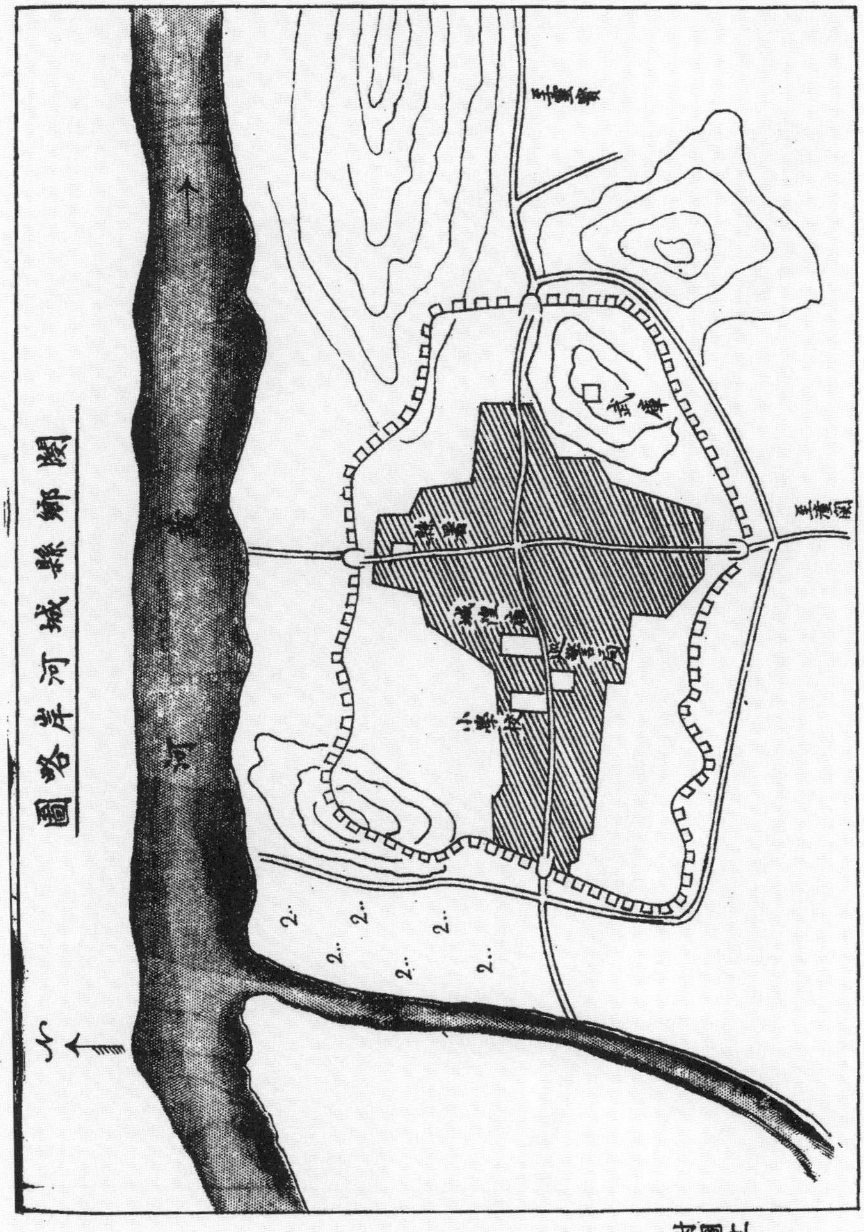

附圖十一

靈寶縣城河岸略圖

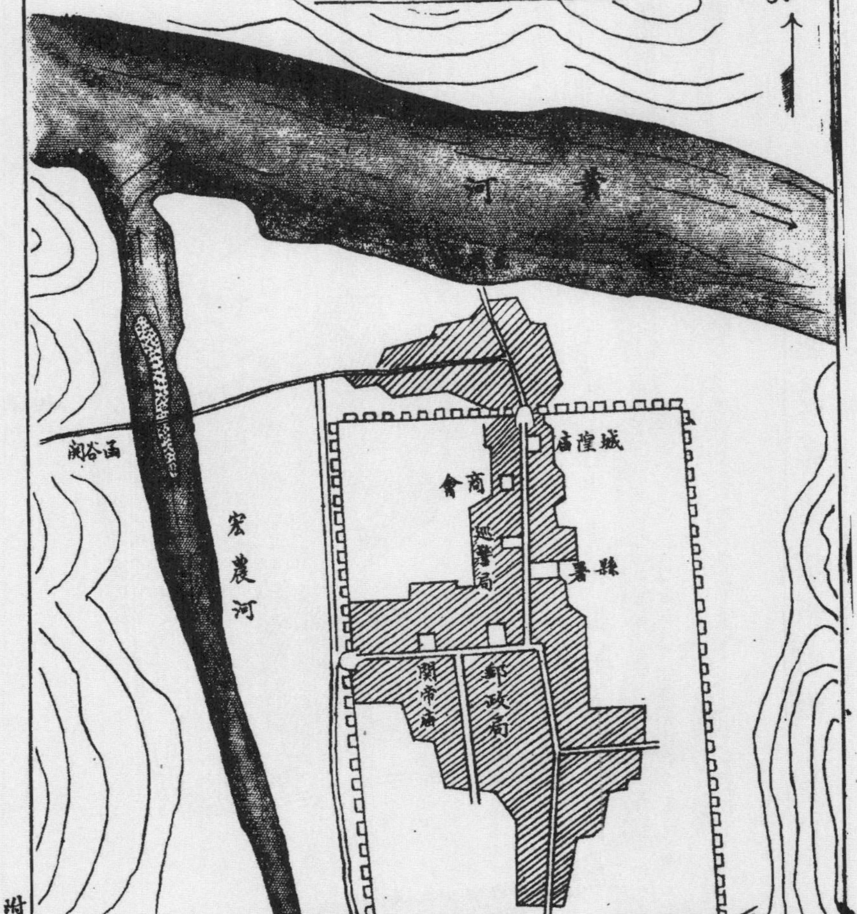

附圖十二

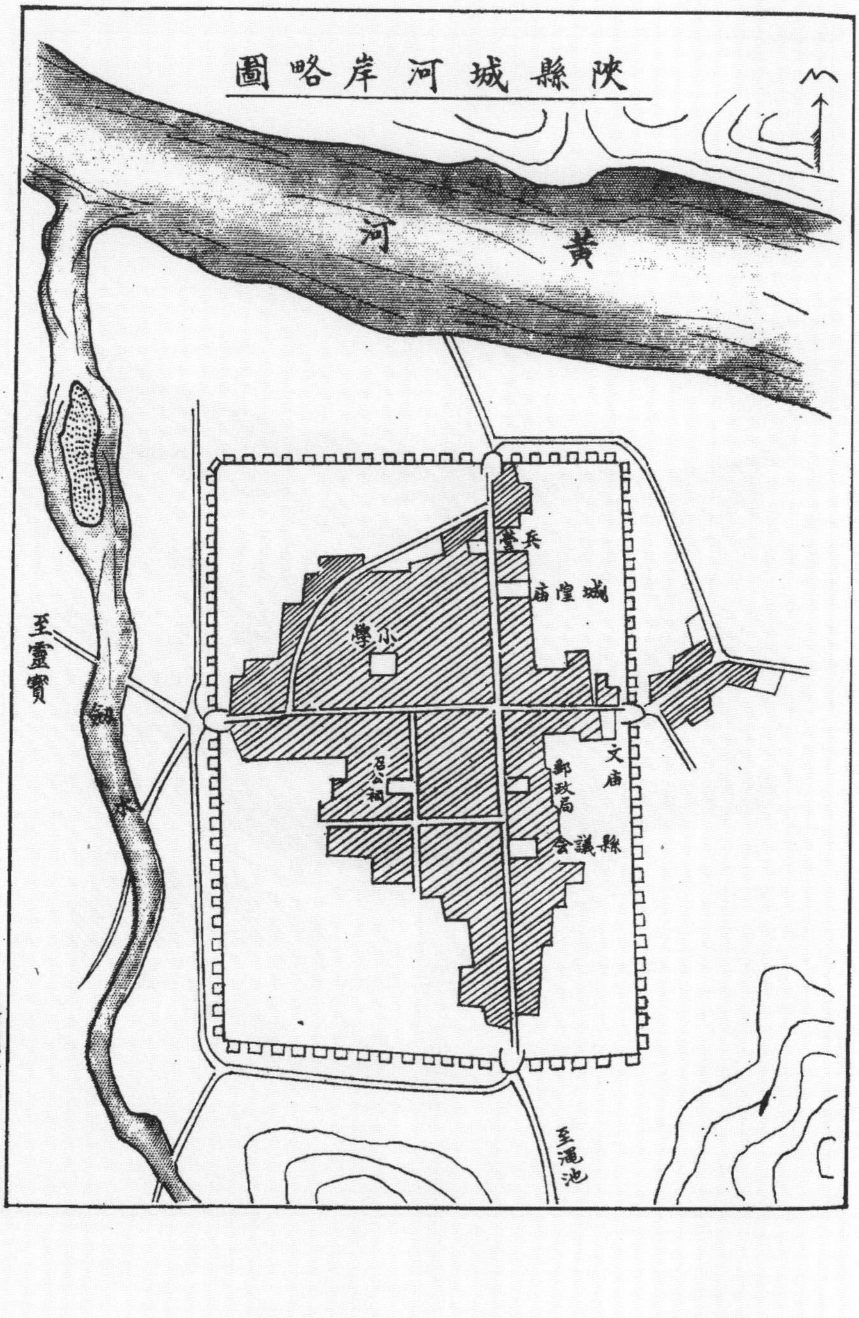

附圖十三

附圖十四

鉄謝鎮河岸圖

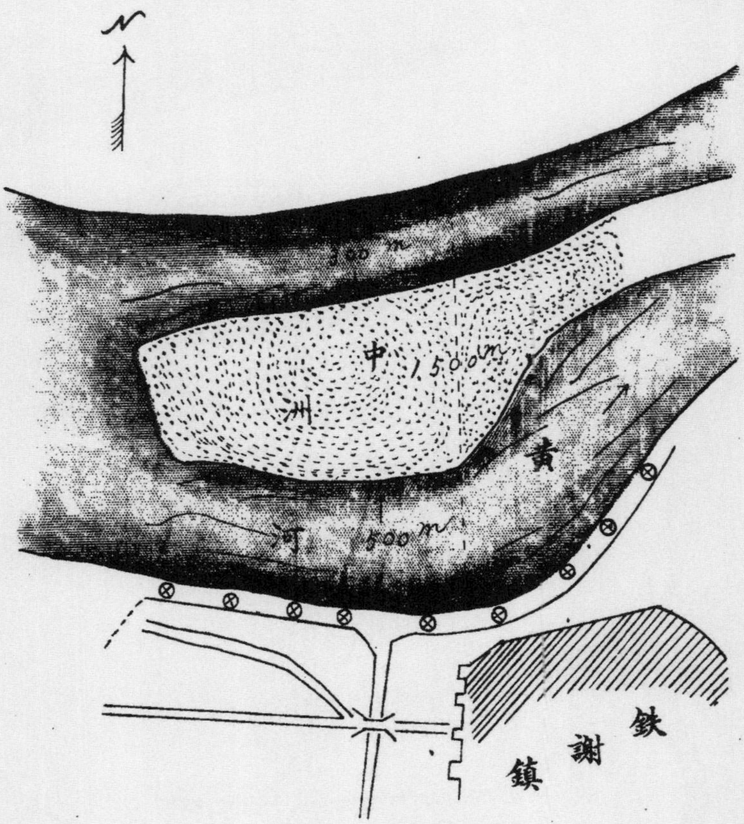

洛水口河岸要圖

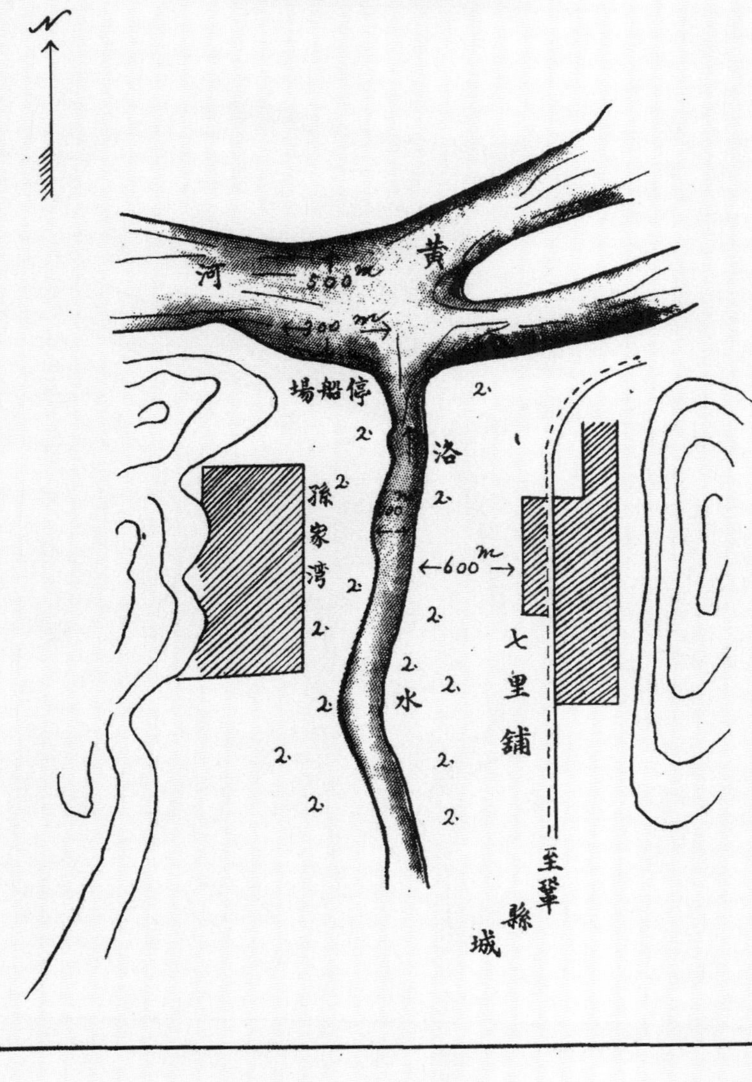

附圖十五

氾水河岸要圖

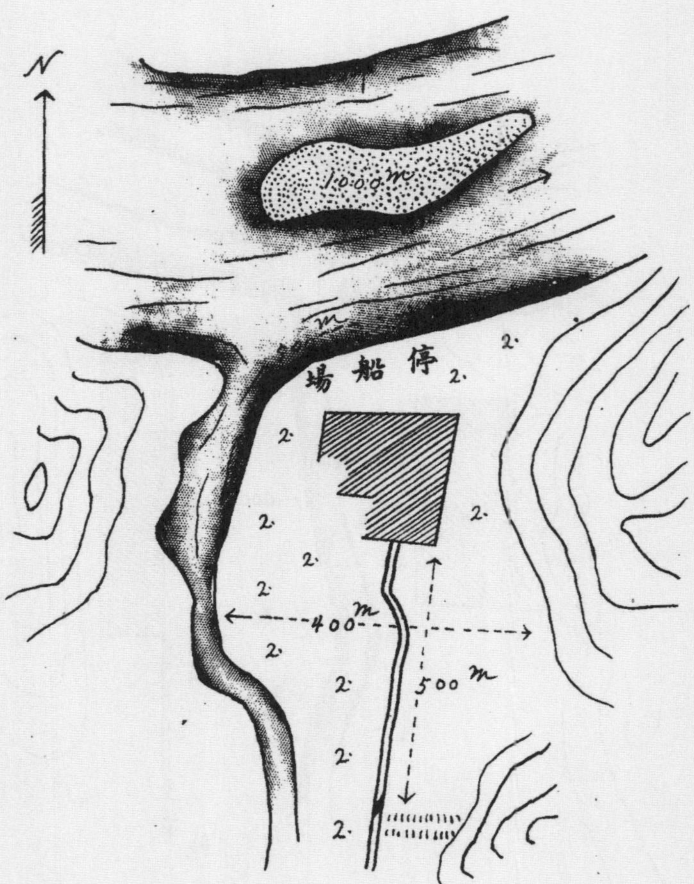

附圖十六

柳園口河岸要圖

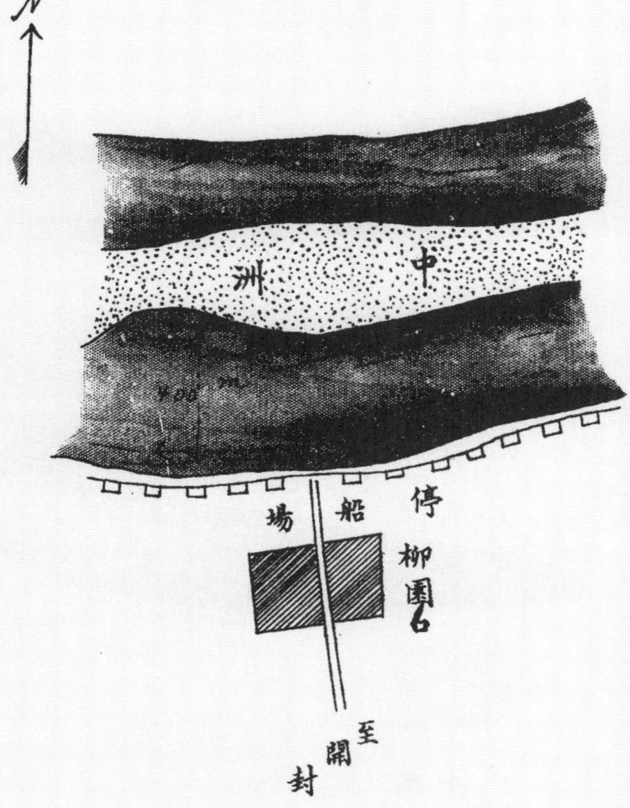

附圖十七

蘭儀口河岸要圖

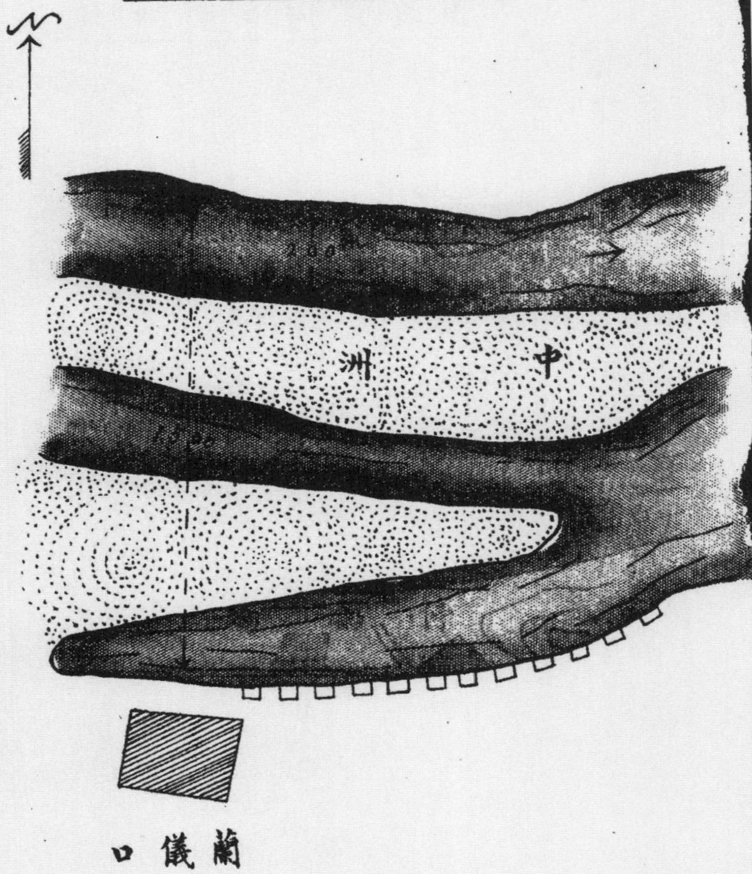

附圖十八

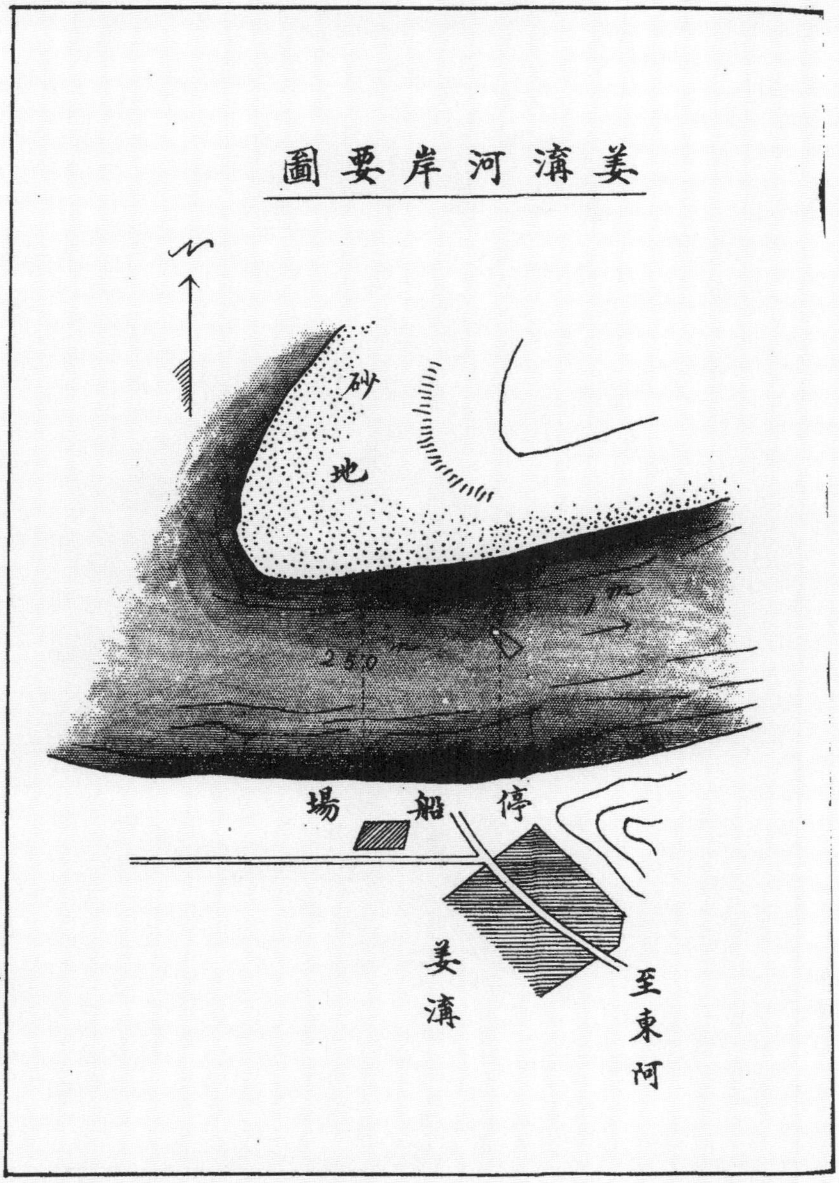

姜濟河岸要圖

附圖十九

蒲台河岸要圖

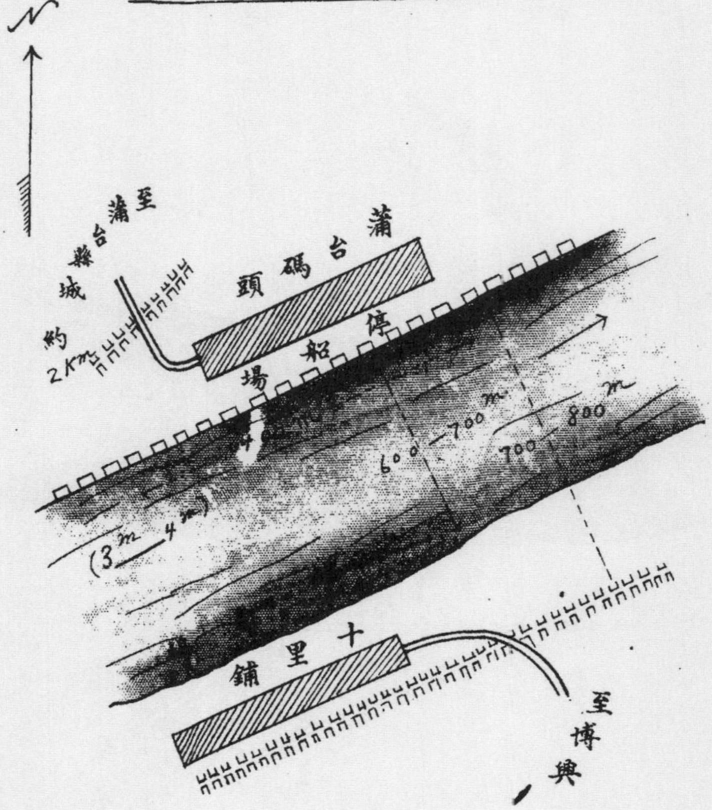

附圖二十

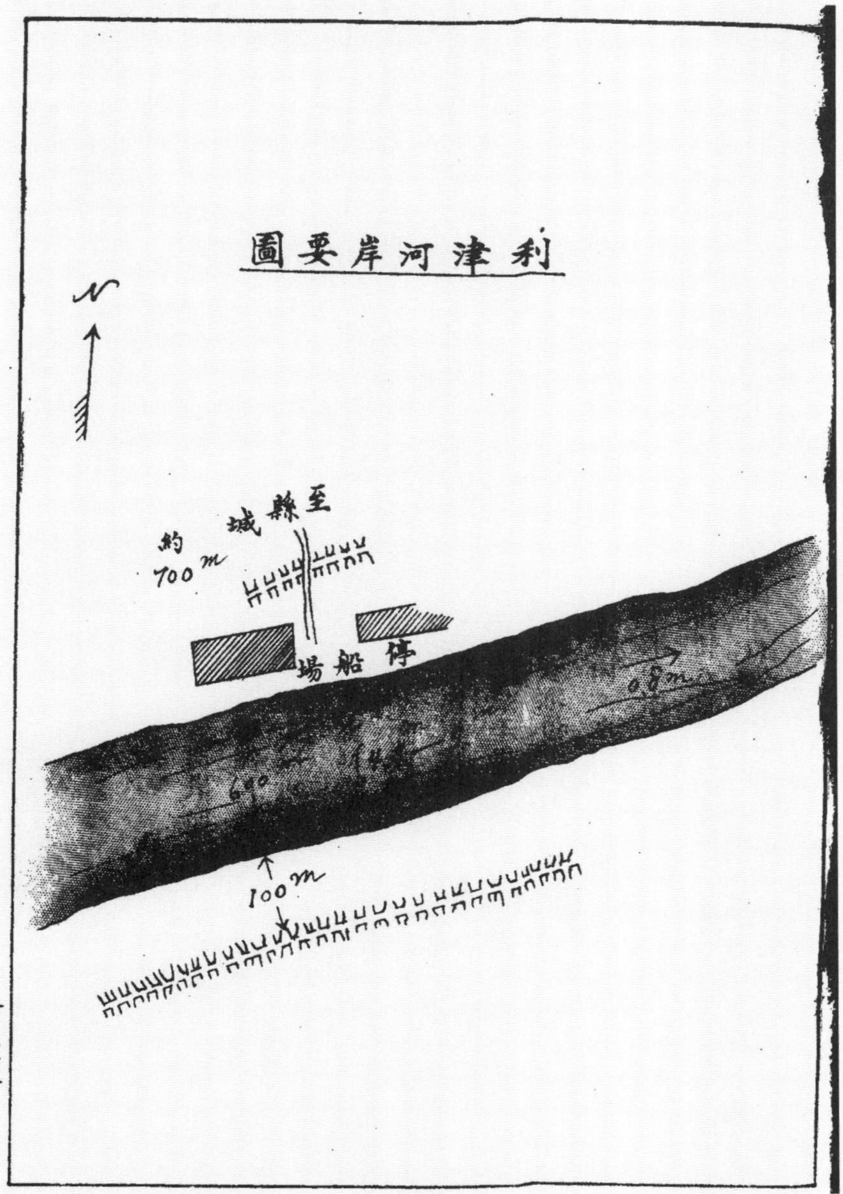

附圖二十一

黃河南岸站 一百五十五里 柳園口 七十里 蘭儀口 六十里 黃莊 四十里 臨濮集 一百八十里 壽張 四十里 陶城埠 三十里 姜溝 二百零五里 齊河 二十五里 濼口 共計八百十七里

此區間河幅。狹者有五百米突。寬者至二千米突內外。水深三米突至七米突。流速爲一米突至二米突半。除河南蘭儀之東北。減水期內。水深不過一米突內外。每生淺灘。大船航行甚難。其他各處。無論何時。均有充足之水量。河底概爲黃土。間有岩盤凸出。發生漩渦。然較之犖洛以西。相差甚遠。兩岸彌望千里。爲我國第一之大平原。沿岸所產最豐富之農產物，畜類，果實，雞卵，等。到處可利用黃河水運。以資輸出。商船亦得隨意停泊以裝卸貨物。其河北省南端之一部份。流域雖短。以省府無特設之河務局。僅以大名等縣兼管治河。對於隄防。不過施以暫時之防禦。平時任其破壞。河岸次第浸蝕。河身生許多沙洲。河幅寬處。竟有達七千米突以上。殊妨礙民船之上航。而豫東魯西之水路貿易。大受影響。迨流入山東境內。兩岸整齊。河務局隨地設立分局。以備水患。在主要河岸。有水壩石垣等護岸工事。隄防有近河岸而築者。亦有築隄二重之處。(參看隄防圖)成績頗大。河幅爲舊大清河流域。不似蘭儀以西之廣。河流灣曲之度大減。流速亦不急激。民船得以自由通航。上航之船。雖較遲緩。借風力與人力。十時間僅行三十餘里亦可航行。下航者利用水速。暢行無滯。此區之地帶。實爲黄河航行中最安善之區。其沿岸主要碼頭。如柳園口。（距河南開封十八里）蘭儀口。（爲山東河南水路貿易之大市場）黄莊。（河北濮陽縣之主要碼頭）臨濮集。（山東菏澤一帶物產之集中與濼口貿易甚盛）陶城埠。（爲黄運交會處從前貿易最繁）姜溝。（爲運河南口地隸東阿與濼口往來甚盛惜從前設厘金局民船航行不能自由）皆爲要地。濼口一鎮。尤爲黄河全流中最大碼頭。有舊式設備之船隻停泊場。河岸有石造水壩。以資防禦。且距濟南甚近。菏澤以下各地之商貨。每年輸出入至百萬噸以上。其繁盛可知。昔德人經營膠澳。修鐵路直達濟南。卽擬以濼口爲起點。利用黄河水運。與平漢路競爭。以發揮膠濟鐵路之能力。假使我國創修津浦路時。旣於濼口置站。同時並擴張黄河之航綫。則濼口輸出入之貨物。必致數百倍之增加。可斷言也。

第四區　自濼口至利津河口

濼口（一百里）濟陽（一九六里）蒲台（八十三里）利津（五十五里）鹽窩（八十里）河口計五百十四里

此區間河幅五百米突至一千米突。水深六米突至九米突。流速僅〇、八米突至一米突。大型民船。亦可航行。祇以小清河流域與黄河成平行綫。河口又無與海洋連絡之地點。僅食鹽一項。泝河上航。其上流下航之物產。多被小清河所奪。經羊角溝而輸出於渤海。故此區民船往來。不及濼口以西三分之一。濼口利津間。築有堤防。護岸工事極完備。利津以東。河口附近。河流分爲數十派。任其奔騰。而從無防禦。因之泥沙沉澱。防礙水流。以致河床愈高。河水愈淺。在利津水深有七米突。在河口則不過有三米突。或一米突二三左右。流速大抵在〇、八米突以下。海洋大型船舶。多停泊河口外一里之處。不能溯航而至利津。輸出入之貨物。均須換用舢板轉運。殊形不便。故欲經營黃河之航綫。必先浚治河口。使如天津白河汽船之溯航。（白河入航船吃水九尺至十五尺）方能盡轉輸之用。特黃河水路之灣曲太甚。且下流之泥沙。一年有五十七億立方呎之多。是否能以人力對抗。俾與海洋聯絡。非經專門家切實研究。不足斷最後之效果。據最近調查。並對照黃河舊河口圖。始知舊大清河之河口。因泥沙堆積而漸次北徙。若塞其北流。使復鐵門關之故道。一面將沉澱之泥沙。疏導之使入於海。則聯絡海洋。將來必大有希望。暫費而永寧。一勞而久逸。亦我國百年之至計也。（舊大清河口之堆積地因河身北徙地勢轉成積高夏秋河水盛漲每氾濫於利津以西故附近居民悟其安全漸從事於開墾如民國十一年之大水河決利津西宮家渡直趨濱縣一帶而此堆積之地區固不虞河水之浸入也）

第二章　黃河下流沿岸碼頭及其距離

黃河水患。以下流爲最多。而民船航運。亦惟下流爲較便利。故自潼關以至河口。爲全河重要部分。於政治上。民生上。在在有密切關繫。河流所經。橫貫河南山東兩省。其在河北省流域最短。疏於防禦。致河幅日寬。沙洲疊涌。影響於魯豫交通。爲航行之障礙。然以黄河大平原民物滋豐。究不能不貿遷有無。以供社會需要。雖數千年來棄置不修之河運。不憚枝節而求其交通之利。故自潼關以下。兩岸碼頭林立。亦足覘吾國民之毅力矣。

茲將黄河下流各區沿岸之碼頭表列如次

碼頭名	所在省	所在縣	黄河南岸或北岸	各碼頭間距離	備考
潼關	陝西	潼關	南岸		
閿底鎮	河南	閿鄉	南岸	距潼關三十里	
十二河	河南	閿鄉	南岸	距閿鄉二十里	
永樂鎮	山西	永濟	北岸	距十二河十里	

閿鄉	河南閿鄉南岸	距永樂鎮三十五里	
楊家灣	河南閿鄉南岸	距閿鄉三十里	
稠桑鎮	河南靈寶南岸	距楊家灣三十五里	
靈寶	河南靈寶南岸	距稠桑鎮四十里	
郭橋	山西平陸北岸	距靈寶四十里	
陝縣	河南陝縣南岸	距郭橋六十里	以上第一區計三百十里
茅津渡	山西平陸北岸	距陝縣一百里	
垣曲	山西垣曲北岸	距茅津渡一百九十里	
王莊鎮	河南孟津南岸	距垣曲二百二十里	
白合鎮	河南孟津南岸	距王莊鎮十里	

地名	所在	岸別	距離	附記
白坡	河南濟源	南岸		
鐵謝鎮	河南孟津	南岸	距白坡十里	
西號	河南孟縣	北岸	距鐵謝鎮十五里	
洛水口	河南鞏縣	南岸	距西號七十五里	
汜·水	河南汜水	南岸	距洛水口三十里	
趙莊	河南武陟	北岸	距汜水四十里	
黃河南岸站	河南滎澤	南岸	距趙莊五十里	以上第二區七百五十里由潼關至此一千零五十里
花園口	河南鄭縣	南岸	距黃河南岸站三十五里	
楊橋	河南中牟	南岸	距花園口四十里	
趙廠	河南陽武	北岸	距楊橋二十五里	

黑崗渡	河南	開封	南岸	
柳園口	河南	開封	南岸	
蘭儀口	河南	蘭封	南岸	由黑崗渡至此計二百二十五里
黃莊	河北	濮陽	南岸	
臨濮集	山東	曹縣	南岸	
董口集	山東	曹縣	南岸	
葛北樓	山東	濮縣	北岸	
張家莊	山東	范縣	北岸	
丁家莊	山東	壽張	北岸	由蘭儀至此計一百五十里
黃家口	山東	壽張	南岸	距丁家莊三十里

陶城鋪	山東	東阿	北岸	距黃家口四十里
姜溝	山東	東阿	北岸	距陶城鋪三十里
舊城	山東	東阿	南岸	距姜溝十里
丁家口	山東	平陰	南岸	距舊城十里
滑口	山東	平陰	北岸	距丁家口十五里
望口山	山東	肥城	南岸	距滑口四十里
朱官莊	山東	長清	南岸	距望口山六十里
庫河	山東	長清	南岸	距朱官莊二十里
陰河	山東	長清	南岸	距庫河十里
齊河口	山東	齊河	北岸	距陰河四十里

楊莊	山東歷城南岸	距齊河二十里	
濼口	山東歷城南岸	距楊莊十七里	以上第三區由黃河南岸站至此計八百十七里
傅家莊	山東歷城南岸	距濼口三十五里	
濟陽	山東濟陽北岸	距傅家莊六十五里	
舊齊東	山東齊東南岸	距濟陽六十八里	
清河鎮	山東青城北岸	距舊齊東四十里	
趙口	山東青城北岸	距清河鎮三十六里	
委家口	山東濱縣北岸	距趙口三十里	
十里鋪	山東蒲台南岸	距委家口二十二里	
道旭	山東蒲台南岸	距十里鋪十里	

麻灣	山東蒲台	南岸	距道旭四十八里	
李家莊	山東利津	北岸	距麻灣四十八里	
利津	山東利津	南岸	距李家莊十里	以上第四區自濼口至此計三百七十九里
扈家灘	山東利津	北岸	距利津城十五里	
甯家莊	山東利津	南岸	距扈家灘十五里	
鹽窩	山東利津	北岸	距甯家莊二十五里	
舊八里莊	山東利津	南岸	距鹽窩二十里	
鐵門關	山東利津	南岸	距舊八里莊三十里	
河口	山東利津		距鐵門關三十里	以上河口區計一百三十五里

由陝西省潼關至河口共計二千二百八十一里

第三章　黃河之隄防　附洪水之原因

黃河自潼關折而東流。兩岸多山。北岸自白坡起。南岸自滎澤起。始捨山岳地帶而流入平原。每在增水期內。常有洪水氾濫之虞。歷代對於河隄。極爲注意。滎陽開封間。雖嘗築有東堤及汴梁堤。而河南中部之水患迄未稍減。今鄭縣以東沿隴海路綫一帶。有許多沙丘。可知當年水災之慘。然自河流奪濟入海。山東之水患轉多於河南。齊東利津之間。時有潰決。司河務者。又不知浚渫河口。爲根本之救濟。僅注意於隄防。以冀水患之幸免。竭數千百人胼胝之勤。歲縻無數鉅款。卒無補於昏墊之苦。是亦可爲長太息者矣。

黃河堤防。自河南武陟縣唐郭以東至河口。有一千零七十三哩之長堤。北岸之幅。自八尺至十一丈。高四尺至六丈。南岸之幅。自五尺至二十七尺。高二尺至六丈。亦間有築兩層堤防者。（由河南滑縣東至山東壽張舊有堅固之堤以防由南方流來之洪水相傳爲東漢時王景所築今只留殘墟於各處）其南岸現存之堤。爲清文宗咸豐時所修築。前後二十年。始獲蕆事。沿堤多植楊柳。一一記其號數。禁人民之樵採。俾樹根蟠結。藉以護堤。遠望如長蛇蜿蜒之狀。其後爲增加沿河一帶農田計。乃更築第二層堤。內外二堤間。相距五百米至一千五百米。故山東省之河床幅。僅一哩或不及一哩。平時惟藉第二堤。以資防禦。第一堤歲久失修。漸成虛設。每河水盛漲。第二堤如不能守。第一堤亦必隨之潰決無疑。

堤防之設有官私二種。官設者稱堤。私設者稱埝。築堤之基礎。卽堆積土塊於水流之側。更施防護之設備。其方式雖有種種不同。然其最多者。卽集合高粱楷，麻杆，柳枝，葦蘆，藁等以防護之。觀於漢武帝親臨瓠子。令羣臣從官自將軍以下皆負薪寘決河。可知以薪芻塞河流。實吾國歷代治水之舊習慣。其外於堤尻有捨石之處。亦有砌石之處。除一小部份建築石堤外。概爲不完全舊式之築堤。數千年來。河患頻仍。治水之法。不外乎修治堤防。爲補救一時之計而已。

清代對於河務。極爲重視。設河道總督於山東濟寧。其下有汎有堡。專任治黃及濟運事務。漕運停後。河督裁撤。所有防河一切設備。悉歸直魯豫三省督撫負責。民國成立。山東河南兩省。均設河務局。並於主要地點。設置分局。山東之河務經費。年約一百二十五萬元。河南之河務經費。年約四十萬元。平時對於堤防。尚能隨時葺補。以資防禦。獨河北省以流域較短。未專設河務局。僅以大名道尹兼理河務。經費亦較魯豫兩省爲少。沿岸堤防卽有罅漏。亦不勤加修理。每遇水漲。時虞氾濫。若不聯合河北山東河南三省。迅籌統一治河策劃。則將來潰決之患。未必盡屬於杞憂也。

吾國自神禹以來。歷代治水之苦心。歷史上非絕無其跡。然而四千餘年。對於黃河之研究。紀載綦繁。究無適當治水之良策。世界各國謂我國無治水能力。斯亦無可諱免之事實。此後對於治河。當一變從前之成規。不獨防止水害。而且兼籌水利。必先設法利用航運。增進沿岸居民之福利。而開發沿河埋藏之富源。迨人民經濟寬裕。由國家及人民共同籌劃治水之方法。一方浚渫河口。而圖流水之疏通。一方併修理河身。建築堤防。採取最新而且著有成效之方法。再進則設法改變水路之灣曲。洪水之際。設置特別水路以分其勢。著著施以改良。則河患可以永除。黃河水運。亦必日趨于隆盛。荷蘭立國水平綫下。水利之宏。無論矣。如美國密士失必河流域之長。較黃河且猶過之。而永無氾濫之虞。是則吾國民所亟宜借鏡者也。

其次尚待研究者。卽為黃河沿岸發生洪水之原因。茲分析說明如左。

1. 黃河流域泥沙太多　黃河流域地表概為黃壤所分布。西自陝甘。延至晉豫。亘于燕晉。舉凡陰山以南。秦嶺以北悉在黃壤區域之內。計其面積約在六三〇、〇〇〇方千米左右。惟此土壤內含細砂約佔百分之三十。揉之立成虀粉。若經輪鐵馬蹄之摩擊。久之而失其脆性。或隨風飛揚。或被水冲刷。以故有多年道路變成河之諺。至于河兩岸黃壤遇水卽直裂坍于河中。隨流而下。至水淺處或停于河中。或淤于河岸。以故黃河在洪水之期。每一立方公尺約含沙量爲五六二〇格一日之內卽能輸出沙量三千一百萬立方公尺之巨。在世界諸大河中。實以此河所含沙泥爲最多。以故每遇大雨。下流時有潰決之患。若能減少沙之來源。並注意氣象之觀測。亦可以減少水患也。

2. 黃河流域山林缺乏　古代黃河流域。天然之森林甚富。而毒蛇猛獸之害。亦多出山林之地。迨伯益焚山澤。禽獸逃匿。其後從未栽植。故山林地帶。日見其少。不特山東河北河南之大平原茫茫大陸一望無際。卽河南西部以及山西陝西甘肅各省區。雖爲山岳重疊之地。而森林亦未嘗多見。大雨之際。涓滴之水。山岳中不能保存。悉以河流爲會歸。此亦洪水之大原因。欲防水患。宜速提倡造林事業。是亦曲突徙薪之要圖也。

第四章　黃河主要港實測表

黃河自潼關以東。漸由山岳流入平原。沿岸土地肥沃。宜於農產。居民亦漸次繁殖。集合而成鄉村。更以水性使通。雖因種種障礙。未能暢行船舶。而基於社交供求之相需。不得不仰給於短距離之水運。其貨物集散之區。遂爲商船之所萃。計自潼關以至河口。六百八十公里間。商務較繁之港。十有九處。其可以繫船之碼頭。尚不止此。至平漢路之黃河南岸站。及濟南之濼口。以平漢津浦兩路之經過。對於陸地交通。綿絡無間。不第爲黃河下流最重要之貿易港也。

玆將黃河主要港實測情形。列表於下。

地名	所在省	河床幅	河幅	水深	流速	兩岸狀況	備考
潼關	陝西	七百米	五百五十米	六米	二米	地當黃河渭水合流處水量充足兩岸有沙洲漸成爲丘陵地勢急斜面甚多增水期內除西方以外全部被水碼頭在東北岸新甘陝晉四省物產集中於此由河運下航至黃河南岸站或汜水上陸以鐵路分布於各地	對岸山西省地勢亦多急斜惟永樂鎮略有平地可以泊船其西平陵渡距潼關十里爲由陝至晉之渡津

閿鄉	河南	一千四百米	六百米	三米	一、五米	爲河南最西部之縣城兩岸砂洲甚多除縣城附近傾斜稍緩外餘皆山岳重疊多急峻之勢自潼關至此停船場所南岸有閿底鎮十二河北岸有山西省之永樂鎮與鄭家渡其間往來均有船渡之便	閿鄉東稠桑鎮附近砂洲特多河幅亦狹航行較難貨物出入於潼關者皆以閿鄉爲交易之所
靈寶	河南	千四百米	六百米	三米	一、五米	黃河至此灣曲特甚縣城在河之東岸其南爲停船場因傾斜少緩接於陸地無若何之設備對岸尤峻急無渡船之處由閿鄉至此僅有楊家灣稠桑鎮之小停船場	主要產物爲棉花及紅棗
陝縣	河南	千四百米	六百米	三米	一、五米	河由此北流河幅特狹此間北有廣濟渠南有青龍河共流入河城在兩河中間青龍河口稱山河頭傾斜少緩而接於陸地停船甚多對岸平陸縣城亦有一碼頭平陸東五十里之	集中於潼關之物產航運至此一半於此地上陸由隴海路輸送於各處一半由水路至黃河南岸站或由汜水上陸利用平漢路分布於各地

						茅津渡交通亦便自靈寶至此北岸有郭橋可以停船自此以東兩岸嚴壁對峙距城約百里之三門峽水流急激航行最難破船率爲5%	
鐵謝鎮	河南	二千五百米	千五百米	五米	二、五米	附近多山岳無平原因自然之傾斜而接於陸地水流緩慢處可以繫船與對岸孟縣之西虢村均爲商業繁榮之地	
洛水口	河南	二千米	千米	四米	一米	此爲洛水入河口附近略有平地對岸有七里鋪爲停船場現運往洛陽貨物多由鞏縣裝卸此地漸不重要	洛水兩岸皆爲平原物產甚多鞏縣出石材及石炭等
汜水	河南	二千米	千米	三、五米	一、五米	此爲汜水入河口距隴海路汜水車站僅三里水陸聯絡甚便近來捨平漢黃河南岸站而於此地上岸輸送於鄭縣者甚多其停船處因自然之傾斜無何	北岸有趙莊河北之鐵材藥材雜穀等多由此輸出於南岸

						等設備附近有平地其他皆爲丘陵	
平漢鐵路黃河南岸車站。	河南	三千米	千米	三米	一米	此地本爲荒村因平漢路經此特設一站吸收黃河下航之物產由此東至蘭儀河幅有七八千米之寬停船場並無若何設備車站附近有數十戶皆業轉運由此上陸之貨物皆爲行商而不在此地交易北岸有洋橋站設一支綫於河岸爲物產之裝卸但因水流變遷近來以南岸爲主	南北兩岸各有居民數十戶南岸有管理黃河鐵橋之法人住宅由黃河下航之民船至此即將貨物與船同時出售者有之因河水不能上航故也
柳園口	河南	二千米	千米	六米	二米	此地當河南開封與對岸封邱延津交通要路有官渡船三隻兩岸無論何時皆可以停船距岸四百米以外有第一堤二千米以外有第二堤其南岸堤防與黃河南岸站以東之堤防相連自平漢黃河南岸	距開封十八里瀰望平沙車馬之交通頗盛由黃河輸出入之物產亦甚多

						站以東有花園口楊橋趙廠黑崗渡等皆有渡船民船亦可停泊	
蘭儀口 亦名龍門口	河南	八千米	北岸七百米 中流一百米 南岸五十米	一米 二米 二米	一米 一、五米 ○、二米	此地因河幅最大故水量甚小並以砂洲疊涌分爲三流民船停泊多在南流曲折之點近來水淺船行甚難極爲魯豫貿易之障礙所有船隻多往復於洛陽及黃河南岸站者河濱居民僅有數十戶向東五里有義寨商業頗盛船戶多住於此向西十二里有曲興集東距蘭封縣城二十里向商邱方面輸出入之貨物多經過於此	清咸豐時河決銅瓦廂流入大清河即由此地潰決北流入河北省河身寬而水益淺除增水期外不能航行
黃莊	河北	一千四百米	六百米	三米	一、五米	爲河北省沿岸唯一之碼頭先是民船停泊皆在距黃莊十二里之孟居村因屢被水患河口埋沒始將碼頭移於黃莊此地距濮陽七十二里五百米以外	此地與東明交通頗盛黃河自此東流即爲大清河河床河幅漸次縮小

						有民九改築之堤防	
臨濮集	山東	四[illegible]	五百米	四米	[illegible]、五米	爲曹州一帶貨物集散地商業次於濼口距菏澤六十里道路寬廣車馬交通甚盛河岸任其自然無若何設備迤東有東河集亦可停船	距濼口四百七十里若遇順風兩日可到兩岸地勢低下皆有二層之堤防自此以東沿岸無論何時皆可停船
姜溝	山東	五百米	四百五十米	三米	一、五米	此地距東阿八里在昔爲運河南入口通商極繁自運河淤塞鐵道修成商務益衰僅於東阿東平間分布輸入之物產北岸設有堤防南岸以泰山支脈突出地勢甚直至濼口西始行築堤附近如魚山阿城陶城埠等處隨時皆可停船	此地從前設有厘金局各船至此均須納稅每日有三四十隻之出入距濼口二百四十里下航時順風一日逆風二日半可到
齊河	山東	五百米	四百米	七米	二、五米	此地值黃河北流之北端過此即轉向東北故河水急激流速之大爲下流所罕見停船場因自然之傾	值南北要衝在昔交通甚盛自津浦路修成僅爲附近各都市間之聯絡然車馬往來仍絡繹

						斜有數處水壩及護岸石垣兩岸隄防均在六百米以外其西北五百米至千米有堤防數條爲舊日河流故址	不絕
濼口	山東	平時五百米增水期貳千貳百米	四百米	七米	平時二、五米增水期四、四米	此地在濟南郭外爲黃河全流最主要之港津浦鐵橋以西五百米河岸有護岸工事及水壩以自然傾斜接於陸地爲停船場正當灣曲部之下流水勢甚強間有淤淌北岸稱北濼口亦有渡船兩岸隄防與他處相等東有津浦路之支線與黃台橋連絡便於小淸河航運之裝卸	常有民船數十隻之停泊由曹州以東各地物產每年輸入總額七十五萬噸輸出二十五萬噸內外河流中央一秒時流水最增水期12000立方尺減水期4000立方尺河底泥土之深約二米突
濟陽	山東	五百米	四百米	五米	一米	兩岸皆有完全堤防護岸工事亦甚完全北岸內外有堤防四條停船處因自然傾斜接于陸地	棉花落花生產出頗多因上航困難多由陸路運送

蒲台	山東	八百米	七百米	四米	〇、八米	兩岸堤防均去河身二百米至千米之間停船場在南岸之十里鋪前面有大沙洲分河流爲二水道甚狹前年宫家渡潰决即在其東	冬期河水結冰陸路與羊角溝商務交通頗盛
利津	山東	八百米	七百米	五米	〇、八米	停船處在城南一里無何等之設備河岸與水面高一米因自然傾斜接於陸地堤防略同蒲台	此爲黄河最終之碼頭陸地距羊角溝百四十里水運不便輸出之鹽及鹹魚等及輸入之雜貨皆由此用小船搬運與海洋之大船連絡近來受羊角溝影響亦漸次衰微
鹽窩	山東	八百米	七百米	四米	〇、八米	爲漁民根據地兩岸堤防以此爲終點鹽窩以下河流一任自然分爲十數流至於河口河床漸高在減水期不過一米突以内	爲鹹魚蝦醬之特產區漁船有二三百隻
河口	山東	河流分爲十數條		三米	〇、八米	河口水漸淺海洋大船不能上航以至利津多停於河口一哩餘之間用舢板裝卸貨物	每年春季與旅大交通運進高粱輸出豆類河口有漁船數百隻漁業頗盛

第三篇　黃河商運

第一章　黃河水運之現狀

黃河與長江。均爲吾國主要河流。長江沿岸。擁有極大之沃野。交通灌漑。均稱便利。不特在吾國稱爲巨擘。東方各國之河流。莫與倫比。黃河開化。雖早於長江。但以水勢急激。時有河患。每遇變更河道之際。汎濫尤甚。歷代治河之策略。只知防止水患。對於水運之改良。不知講求。直至今日。黃河流域之工商業。未能盡量發展。以如斯巨流。沿岸並無大市場之設置。天然之利。廢而不修。良可惜也。

長江航業。在八十年前。有一英國船員。乘百餘噸之小汽船。溯江上行。此爲開拓航路之權輿。今日之黃河。亦卽八十年前之長江也。誠能對於水運。悉心研究。設法改良。幸而計畫能成。由河口上泝一千餘哩。得以航行大型之船。並於河南之洛水。陝西之渭水。山西之汾水。各大支流。同時開拓航綫。雖難猝及長江交通之盛。然如今日萎靡不振之水運。必能增加幾百倍之利益。可爲斷言。現在水利未講。僅各地區區之舊式民船。航行於近距離間。輸送日期。旣難明確。而運費亦甚大。在上流則甘肅石嘴子與綏遠包頭鎮間。可通航者約一千二百里。中流則以陝西之渭水。山西之汾水。水運較爲便利。其由潼關經過平漢路之黃河南岸站。益東至蘭儀口。可通航者約一千二百七十餘里。下流則山東曹州至濼口間。五百餘里。濼口與利津間三百餘里。均可通航。以二千七百餘哩長流。僅賴此近距離間之交通。俾附近物產。得以轉運。輸送之量。歲有增加。河流所屆。適值橫斷吾國之大平原。得吸收各種豐富之農產物。且山西河南二省。煤鐵各礦。冠於全國。尤爲工業上必需之原料。如黃河水運。日期確定。運費低廉。輸送迅速。將此無盡藏之物產。由河口而分布於各地。則可以調節我國之經濟。且因航運開拓。工商各業。亦將自然發達。黃河流域。當與長江相頡頏。爲一大富源之地。或且逐漸發達。凌駕揚子江之上。亦在未可知之數也。茲就現在各區民船輸送之實況。分晰說明於下。

（甲）　上流地帶　（寧夏至綏遠約一千二百里）

上流交通。自寧夏之石嘴子。（黃河岸）至綏遠之包頭鎮。爲水運衝要之地。冬季結冰。不能航行。夏秋之交。水運較盛。集於石嘴子之民船。一年約有二百隻內外。小型民船。往來於寧夏蒙古一帶。以輸送食料。大型民船下航至包頭鎮。時間需五日乃至十日。每船

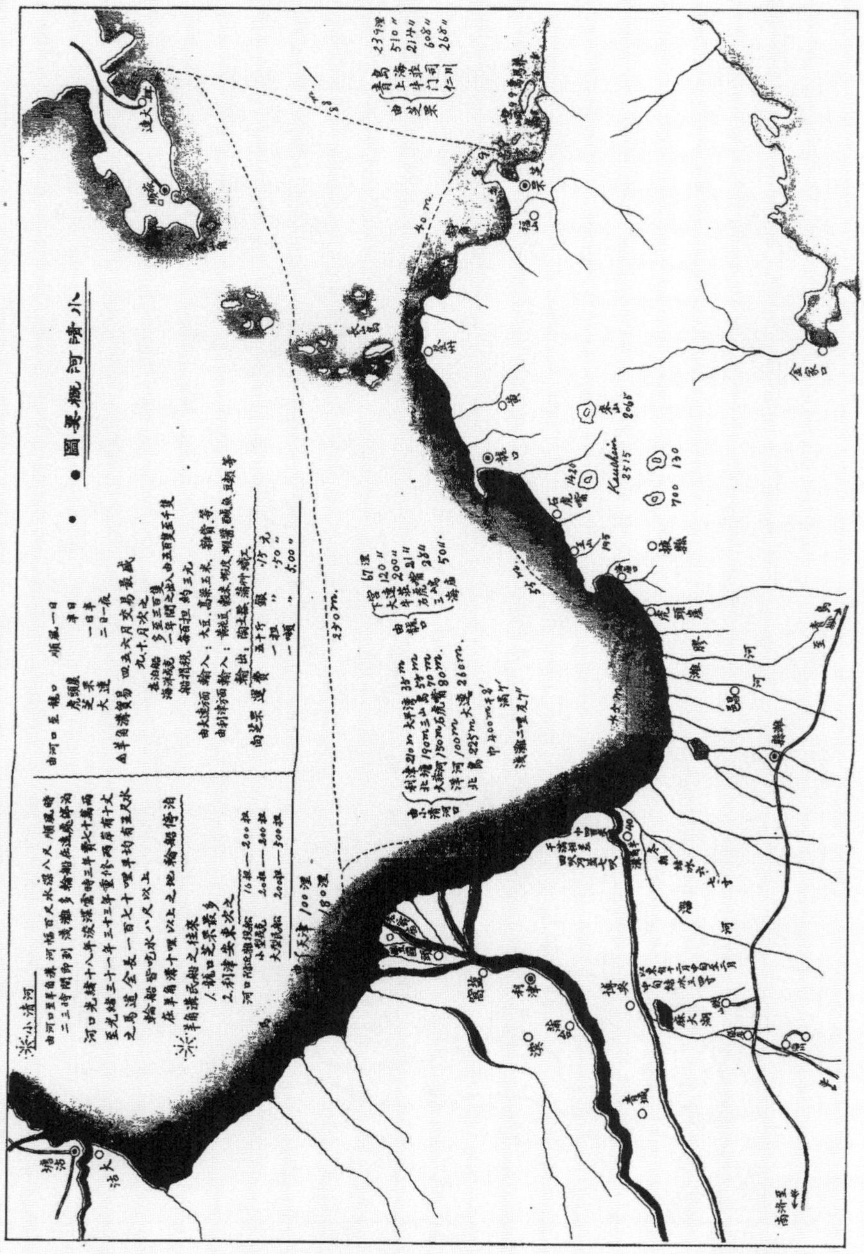
小清河概要圖

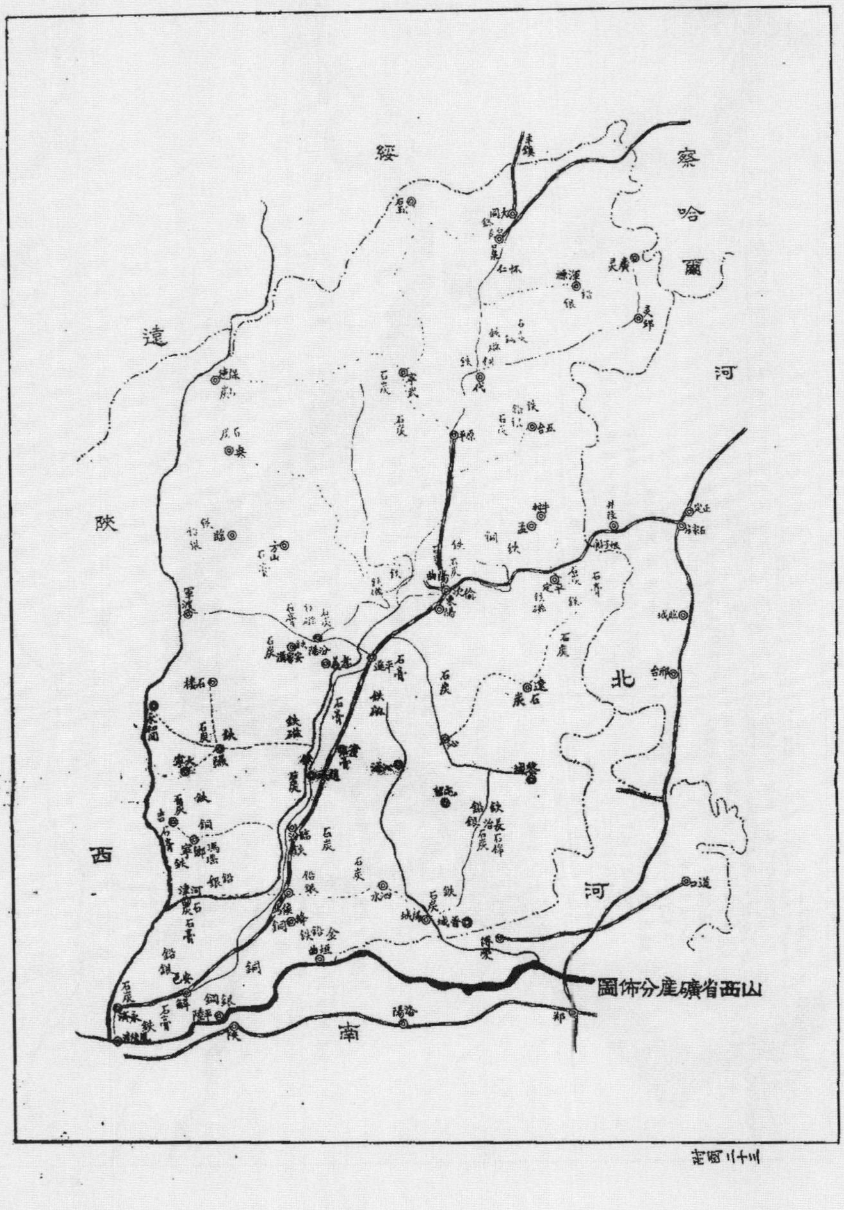

山西省礦產分佈圖

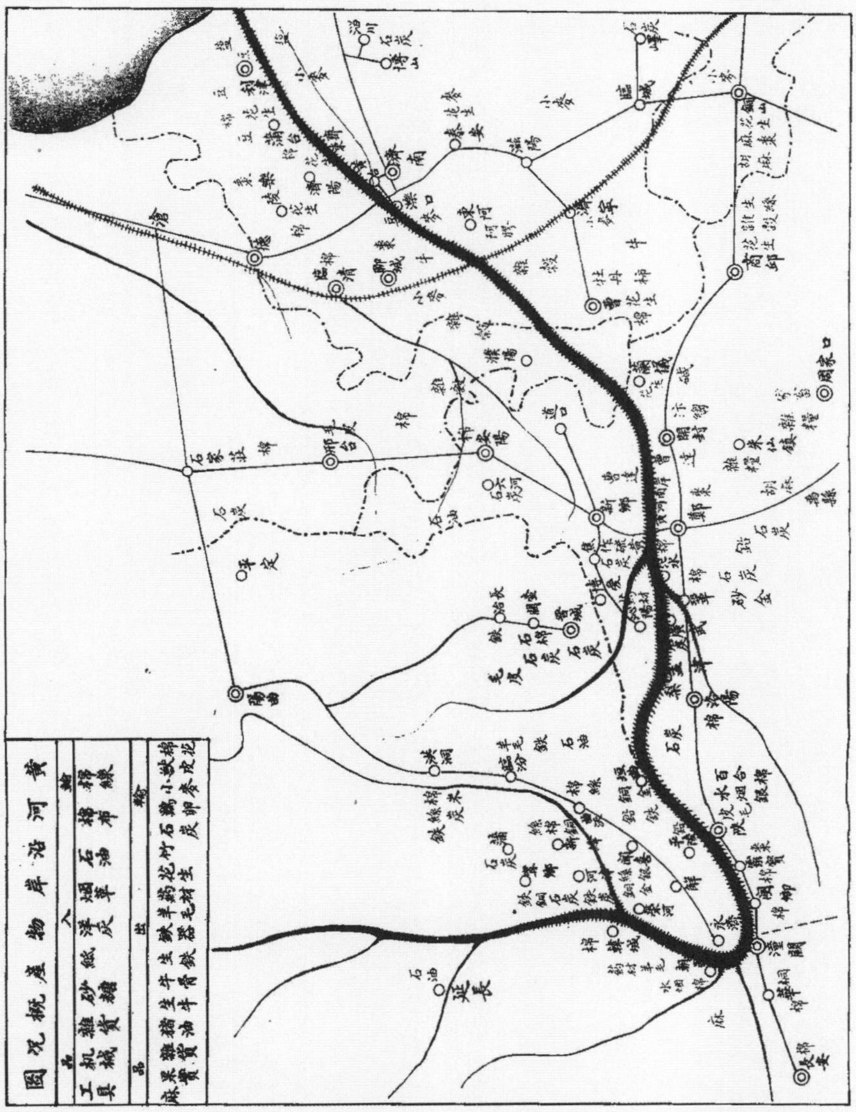
黃河沿岸物產概況圖
輸入品
工具 机械 雜貨 砂糖 絨 洋灰 烟草 石油 棉布 棉線
輸出品
麻 果實 雜貨 豬油 生牛 牛骨 生鐵 鐵器 羊毛 藥材 花生 竹 石炭 鷄卵 小麥 獸皮 棉花

附圖三十四

所載之重量。以二百担為限度。約十二噸半左右羊毛每包百四十斤。可載一百五十包左右大型船長四十二尺幅八尺深四尺二寸船底扁平似箱每船用船夫五人船體偶有傷損船底不受影響

本區通過蒙古沙漠地帶。兩岸無隄防。急流之水。每冲刷沙岸時有浸蝕。故河流非常混濁。迨河底增高。乃變更其方向流入低地。所謂黃河水路。朝夕變更其流。卽指此區而言。

本區水勢頗急。每秒有四五呎乃至十二三呎之流速。一時間約三十里。至遲二十里。一秒十呎一時間水速約三里故下航甚易。而上航甚難。由石嘴子下航至包頭。時間五日至十日。若由包頭上航至寧夏。無論何物。不能裝運。卽空船亦必沿岸徐行。歸途所歷。少者須三四星期。當逆風大水之時。每至一箇月以外。寧夏以西。因河底勾配太傾斜。河流甚急。有時一小時之流速。至於二十呎以上。所以不適於航運也。

集散於石嘴子之物產。以甘肅省及蒙古鄂爾多斯及阿拉善地方所產之羊毛，羊皮，甘草，為大宗。每藉駱駝車馬之力。輸送於此。經包頭鎮至張家口。以達天津而分散於各地。其產額每年約達二十萬噸。羊毛之運費。由包頭至張家口。用駱駝需費十元。如由張家口順平綏北甯兩路綫轉運至天津。程途三百十八公里。鐵路運費。每百公斤需洋二元七角三分左右

。其運費之重。亦大爲商業之障礙。

黃河上流輸送物產。多用皮桶。此亦水上交通特別之用具。其構造之法。先用牛皮作成桶形。裝入羊毛一百三十斤。至一百五十斤。四十個爲一排浮於水面。其上排列一層之木板。共三五層不等。最上層再積之以羊毛。作成河筏。筏上再裝高粱。張以巨幕。作船夫起居之處。編成之後。每個河筏之容量。有三萬斤至八萬斤之鉅。繼續向包頭鎭下航。其到達日期。約七日至十日。抵包頭鎭後。卽將羊毛由皮桶內取出。其皮桶則一一摺疊。用駱駝載之而歸。（此種皮桶可以使用數次）寧夏以上。西寧臯蘭間之水運。全用小型之皮桶。兩岸絕壁相連。曳航殊難。（絕壁處處有岩穴回教徒每拴繩入穴內趺坐其中爲宗教修行）上流各地。渡河時亦使用皮桶。其法將衣服裝入皮桶。塡入空氣投入河內。爲浮袋之代用。以渡於對岸。皮桶使用之後。其牛皮稱爲滓板皮。賣買價値頗高。因油脂脫去。可爲袋物細工等之材料。需用甚多。

（乙）中流地帶（由包頭鎭至潼關約一千三百里）

中流交通。由包頭鎭至托克托短距離間。有水運之便。托克托以下。黃河轉而南流。經老牛窩，（河口鎭南二百里）府谷，（老牛窩南四百里）而形成陝西山西兩省之界水。此一帶之河身。岩石峨峨。河床之高低。凸凹太甚。水勢湍激。至於府谷。可通小舟。呂梁龍門之間。絕少舟楫。僅有小型河筏。以便往來。河之西岸。山嶺重疊。物產極少。龍門峽內之水。落差八尺成爲瀑布。直無水運可言。龍門以南。出險就夷。航行雖能自由。而以物產缺乏之故。民船甚少。自汾水流入。水運乃漸形發展。至潼關則交通益盛。主要物產爲米，棉，羊毛，羊皮，等。如經營黃河航運。進展至汾水沿岸。山西礦產。藉以開拓。不特促成工商業之改良。對於各地之文化。亦有增進之効能焉。

附上流各地至潼關標高及距離表

地域	平均標高	距離	對於一里之勾配	舟航之利
貴德海拔八、二〇〇呎——皋蘭海拔五、八〇〇呎	二、四〇〇呎	四五〇里	五、三	無
皋蘭——寧夏海拔六、八〇〇呎	二、五〇〇呎	一、〇〇〇里	二、五	無
寧夏——包頭海拔二、六〇〇呎	七〇〇呎	一、四〇〇里	〇、五	有
包頭——潼關海拔一、三〇〇呎	一、三〇〇呎	一、三〇〇里	一、〇	龍門以下始有舟航

（丙）下流地帶（由潼關至河口約三千里）

黃河由潼關至河口。雖未能暢通無滯。然比較上流之水運。便利實多。潼關爲甘肅，新疆，山西，陝西，四省物產集散之唯一大市場。每藉黃河之水運。由陝縣（與隴海路連絡）及黃河南岸碼頭（與平漢路連絡）上岸。多半輸出於鄭縣。而分銷於漢口，天津，上海，濟南，等處。集散之物產。以棉花，獸皮，爲主。羊毛，甘草，水菸，藥材，等次之。

潼關陝縣間。河水不深。河身之灣曲亦大。僅能航行淺吃水船（可載二萬斤至四萬斤）及小型之駁船。（可載四五千斤至一萬斤）且可泝渭水以至西安。故西安陝縣間交通極盛。陝縣以東則無之。下航之船。載貨甚多。上航時每曳空船以歸。則整理水運。航行輪船。誠今日當務之急也。

黃河在潼關以東。河床幅約五六百米突。河寬四百米突至七百米突。水深由一米突至七米突。流速約在一米突左右。至三門峽則有四米突內外之急流。落差三尺。幾等龍門。（民船通過民船下航。頗多危險。河之兩岸。羣山合沓。船行至此。直抵鐵謝鎮。始可停泊。（三門峽至鐵謝鎮時舟子每舉杯相慶祝如更生然其險要可知）

陝縣以東。航行民船。稱毛板船。載重約二萬斤內外。下航至目的地。將貨物及船。一同賣却。（一船價值約二三十元）舟夫則由陸地遄歸。因民船上航。非借用風力。卽用人力由陸上牽挽而行。鐵謝鎮以西。絕壁斷崖。既難用人力牽曳。勢不得不棄船而歸。其所造之船甚粗率。故通過三門峽時。船之損傷率。幾有百分之五。假使船體構造完全。再有發動力之汽機。俾三門之險得以上下航行。影響所及。西北之富源可以開發。不僅便商貨之輸送也。

由鐵謝鎮下流。經過豫冀魯三省。正值大平原之中心。農牧手工等之物產。幾冠全國。胥賴河水輸運於東西。而交換之。實爲黃河全流中最經濟而有價値之一區。水深等於揚子江。因季候而有差異。增水期間。載重十五萬斤之大型船。得由河南之洛水口。而至山東之濼口鎮。然當減水期間。則河北省沿岸一帶。雖吃水三尺以上之民船。航行亦極困難。如計畫航駛輪船。須先設法濬治河北省之河流。使至減水期內。航行亦無窒礙爲度。

河北省之最南端。成爲楔狀。突入於河南山東兩省之間。黃河經過之區。不過五十里內外。故對於河務。不甚注意。堤防失修。兩岸逐漸崩潰。河幅日廣。淺灘日多。致妨害大小民船之航行。

蘭儀一口。夙爲魯豫水路貿易最盛之地。近以河北河道失修。交通頓阻。下航濼口。相距百五十哩間。利用黃河之流速。一時間可行一哩至三哩。普通四日至七日可到。若上航之時。或不能借用風力。則須廿餘人之牽曳。始能成行。臨濮集以東。河身漸直。河水亦深。雖減水時期。航行亦無障礙。惟冬季結冰。不能交通

由濼口至蒲台利津間。約五百餘里。河水愈深。水勢亦緩。吃水五六尺之汽船。亦可航行。惟沿岸無重要都邑。物產之輸出入。較濼口以西。相差甚多。

濼口以下。水運不振之原因。非黃河自身之關係。以小清河與黃河平行。水運全部。皆爲小清河所佔。小清河發源於濟南。東北流入渤海。長百餘哩。水量甚大。河幅有三十米突至百米突內外。比較黃河之航行。安全自由。故由黃河上流運來之物產。多由濼口上陸。轉運於黃台橋。藉小清河水運。經羊角溝輸出於渤海。沿岸各港。如山西晉城之鐵鍋鐵器。卽由小清河輸出者也。

山東東北濱於渤海。在膠濟路未修以前。黃河口爲渤海出進之河口港。當時政府。亦曾有種種之奬勵。期與海洋相聯絡。晚清之季。山東省方面。曾疏浚小清河。或增拓閘門以利舟行。故羊角溝之通商。日有起色。如能移疏濬小清河之經費。對於黃河口。爲大規模之發展。作永久之計畫。迨築港完成。俾黃河大平原之種種物產。以及西北各省之

商貨。均可利用水運。直接輸出於渤海。而分布於東亞及世界各國之大市場。則黃河口之地位。將爲吾國北部第二之上海。殆無疑也。

茲將黃河流域水運之現狀。總括表列於下。

黃河流域

- 上流
  - 急流區域　甘肅皋蘭附近上下有二十哩以上之急流無水運
  - 水陸變更之區域（由寧夏至綏遠包頭之間由蒙古沙漠地帶流來之泥沙朝夕變更其水陸）
- 中流——岩盤區域　山西陝西之間水爲山束不利通航
- 下流——有經濟價值之區域
  - 潼關與平漢路黃河南岸站之間（民船僅能下航）
  - 黃河南岸站與濼口之間（民船上下航行自由）
  - 濼口與黃河口之間（民船與海輪可以聯絡惟因河身積沙太多沿岸碼頭設備不完以致未能暢行）

第二章　民船之現狀

黃河中使用之民船。因河之特質上。有特別構造之型式。隨地而易其狀態。其主要者。大別之爲吃淺水平底船。及戎克型之二種。

民船之載重量。小者一千斤。大者十五萬斤。大別之如左。

1. 由渭水至潼關及陝縣附近使用之民船

(A) 大颮子　載重十萬斤。吃水一尺餘。

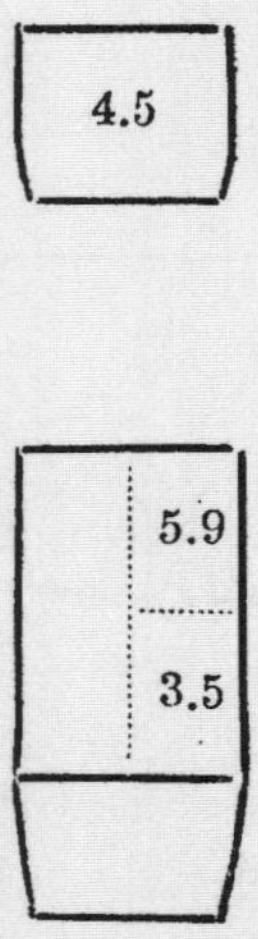

27

此爲航行渭水之大型民船。往來於咸陽三河口之間。增水期內。可溯航至興平。船材用槐木二三寸厚之板。製造堅牢。能使用六七年。造船費約七八百元。每船水夫大抵五六人。上航之際。更雇纜工三十人左右。而牽曳之。

上下航所需之時間

(下航)　咸陽三河間。增水期二日。減水期五日。

（上航）三河渭南間約十日。至咸陽二十日。

船隻之數。雖無詳碻之調查。大約有二百餘隻。平時各地之停泊船數。三河口約三十隻。咸陽渭南各二十隻左右。

(B)行船　載重六七萬斤。吃水一尺至一尺半。

此種民船。往來於咸陽陝縣間船與平底船略同。而無帆之設備。增水期內。可溯航而至武功。船體用槐木一寸厚之板製成。價額約四百元內外。能使用四五年。

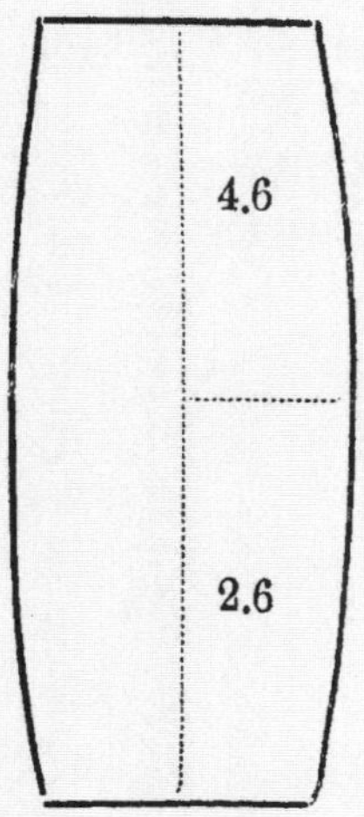

1.7

上下航所需時間

（下航）咸陽陝縣間需時四五日

（上航）陝縣咸陽間需時約一月

船隻總數。約有二百五十隻內外。平時在陝縣及三河口停泊者。各有五十隻。渭南約三十隻。

(C)元船　一名毛板船。載重二三萬斤。吃水一尺五寸內外。

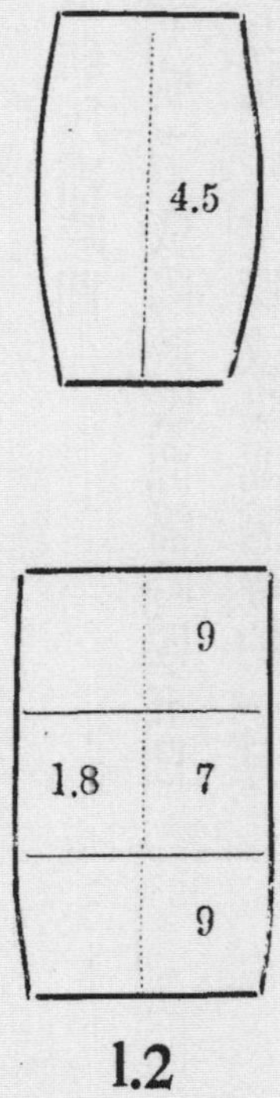

船爲平底。輸送棉花爲主。每船裝棉花百包。船材用五分厚木板爲之構造極粗糙。價額約百元。下航至平漢南岸站或汜水。即將船出售。此項舊船價値。約十元至二十元。購得者或拆散爲建築材料。或改造爲渡船及牛骨船。每船水夫五人。經三門峽時。須再雇數人。以資牽挽。

下航所需之時間

芝門（龍門下流）陝縣間四五日。

陝縣與平漢路之黃河南岸站間四五日。

朝邑與平漢路之黃河南岸站間七八日。

咸陽陝縣間七八日。

下航元船停泊於陝縣者。約有一百二十餘隻。三河口　五十餘隻。潼關渭南各有二十餘隻。咸陽約有十餘隻。

(D)魏標船　象鼻船

此兩種船爲載重二三千斤至二三萬斤之小型民船往來於洛水口與關儀間。無帆之設備。

洛陽以下。有能容二十擔內外之民船。洛陽以上之船。則僅能容十二三擔。民船一日之賃費。約銅元壹千五百文內外。

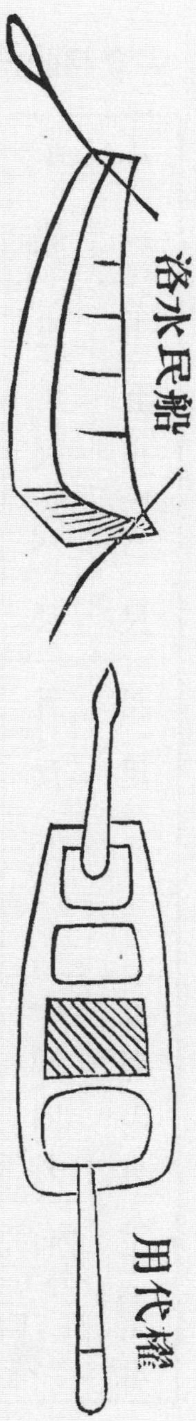

2.河南山東間使用之民船

航行於黃河下流之船。有楊木頭，西河船，鹽划子，方船等數種。其構造大同小異。皆有帆檣。載重四五萬斤至十五萬斤。其中以鹽划子船爲最多。形似海洋戎克。吃水較淺。船底扁平而堅牢。船之隻數。登錄雖不詳。在山東方面。大約有三千餘隻。

濼口商會民船調查表

船之種類	長	幅	深	吃水	載重噸數	擔數
大船	五十尺	八尺 十六尺	七尺		二十噸內外	三百擔內外
中船	三十尺	六尺	五尺		十噸內外	百五十擔內外
小船	十五尺	六尺	四尺		五噸內外	八十擔內外

民船之運費。雖無一定。普通上航之際。大約每里每擔銅元三十枚。下航時銅元十五枚。由濼口至平漢路之黃河南岸站二百哩間。雇小型民船約需國幣壹百五六十元。民船之速度。以上下而航異。下航之際。流速雖不一定。大約一時間能行一哩至三哩。上航則適得其反。如遇無風或逆風時。須由岸上用人力牽曳。始克成行。其不藉風力而祇用人力時。上下航之速度如左。

上航　無風　一日十時間　三十里　（一時間之速力）　一里弱
　　　順風　　　　　　　二百里　　　　　　　　　　七里弱

下航無風順風一日十時間二百五十里四百里（一時間之速力）八里強十三里

又因船之種類。速度亦有差異。計一日十時間運航之里數。表列於下。

	上航			下航			
	楊木頭	鹽划子	西河船	楊木頭	鹽划子	西河船	方船
順風	八九十里	百里	百二三十里	二百里	二百二三十里	二百四五十里	一百五十里
逆風	不能航行	不能航行	不能航行	三四十里	五六十里	五六十里	二三十里
無風	人力三十里	人力三十里	人力三十里	乘水速下航	五六十里	五六十里	二三十里

附黄河下流民船航行各主要碼頭間所需時間表

第

地名	上航	下航
河口		一日

第

地名	上航	下航
濼口		一日—二日

第一表

地名	上航	下航
利津	一日—二日	一日
蒲台	一日—二日	一日
齊東	一日—二日	一日
濟陽	一日—二日	一日
濼口	一日—二日	
共計	五日—十一日	五日—七日

第三表

地名	上航	下航
黄河南岸站		一日—二日
汜水	二日—三日	一日

第二表

地名	上航	下航
姜溝	四日—十日	二日—五日
蘭儀口	八日—廿日	一日—二日
柳園口	二日—三日	一日—三日
黄河南岸站	二日—五日	
共計	十六日—卅八日	五日—十三日

第四表

地名	上航	下航
鐵謝鎮		五日—七日
陝縣		二日—四日

表

潼關	十日內外	
共計		七日—十一日

表

洛水口	一日—三日	一日
鐵謝鎮	三日—五日	
共計	六日—十一日	三日—四日

右列之第一第二第三各表。上航係照順風之時計算。下航係照順風或無風之時計算。上航無風之時純用人力。逆風之時。不能航行。至第四表鐵謝鎮與陝縣間。民船不能上航。陝縣與潼關間。上航時僅曳空船。下航則以水速太急。亦格外迅速也。

黃河下流。比較中流與上流。雖有舟楫之利。然河南省既有三門之險。河北省復疏於河防。至利津河口則逐漸沈澱。不能與海洋聯絡。民船枝節航行。未能全部暢通。復以風向之障礙。致商貨輸運。輾轉長途。不能計日以達其所屆。商貨以運價之鉅。不得不故昂其值。以取償於萬一。則商與民交受其病。倘能改良水運。完成預計航綫。而濟以輪船之輸送。民船累日之程途。於數小時內。卽可直達。每噸運費。平均亦不過十元左右。則費用與時間。均可省減。其便利商民。較之現時水運。奚啻倍蓰。是亦關心民生問題者。所當亟宜注意者也。茲總括民船上下航所需之時間。與輪船運輸所需之時間。對照列表。以資參考。

區間		上航所需時間	下航所需時間
河口濼口間	民船	五日——十一日	五日——七日
	輪船	十三小時	七小時
濼口黃河南岸站間	民船	十六日——三十八日	五日——十三日
	輪船	二十四小時	十四小時
黃河南岸站與鐵謝鎮間	民船	六日——十日	三日——五日
	輪船	七小時	四小時

第三章　季候天氣對於航運之關係

黃河水量。每因季候而異。在六七八三個月內。爲增水期。其時正値雨季前後。各地雨量。平時甚少。每至雨季。則時有大雨。沿岸之土質。既乏浸透力。重以童山濯濯。山

民船在黃河航行。上航以初夏及初秋爲最宜。增水期內。每因水量過大。常有傾覆之虞。下航以秋季爲宜。預計改良水運後。則全年可以航行。

風向則沿岸一帶。春季多東風或東南風。夏季多西南風或西風。冬季多西風或西北風。民船下航。以西風及西南風爲宜。上航以東北風或東風爲宜。北風次之。民船均有帆檣之設備。利用風力。甚爲熟練。或風力甚微。不能利用。則賴人力爲牽挽。用人既多且曠時日。故運費亦大。

第四章　黃河口築港之預計

現時經營黃河之方針。不但防止水患。同時並須改良水運。既如前篇所述。則河口築港。決不可視爲緩圖。蓋河口無適宜之貿易港。則必無以促航綫之發達。所謂與海洋聯絡者。仍爲不可能之事實。而或者疑之以爲現在黃河沿岸物產之輸出。北有天津。東有靑島。南有漢口。各因其鐵路之交通。吸收商貨。久已劃出勢力範圍。牢不可破。況河口新建之港一切設備。斷不能如天津，靑島，漢口，之完全。而欲爲貿易上之競爭。似非易易。此其說雖屬持之有故。然使就吾國中部情形。作細密之攷察。則河口築港以後對漢口更有良好之影響。因平時輸出黃河沿岸之物產。並非鉅額。若有河港之便。物產出

起點	輸送經過之路	到達處	運費	所需日數	哩數
鄉縣	……隴海綫……徐州……津浦綫……浦口……京滬綫……	上海	二五、五二元	八日	六一九
鄭縣	……隴海綫……徐州……津浦綫……濟南……膠濟綫……	青島	三〇、五九元	六日	六四五
鄭縣	……隴海綫……徐州……隴海東綫……海州……海路……	青島	一六、五七元	五日	鐵路三四六 海路約一二〇
鄭縣	……平漢綫……北平……北寧綫……	天津	三五、〇〇元	五日	五一八

如由平漢路黃河南岸車站。（距縣十八哩）用黃河水運。輸送於河口。其運費如左。

購買地	輸送經過之路	到達處	運費	所需日數	哩數
黃河南岸車站	……黃河水路……	河口	二十五元	三日	三二〇

試就黃河水運運費之廉。與鐵路運輸相比較。所差甚距。茲再就長江水運與黃河水運二者之距離。及所需日數比較之如左。

現在黃河水運尚未改良。沿岸輸出之物產。足以供給各省區之需要者。皆賴鐵路之轉送（衞河自道口經臨清至天津略通水運）惟建設鐵路。所需固定資本太多。其運費率當然亦較水運爲鉅。水運則利用天然之形勢。用固定資本處較少。即如黃河水道。自潼關至河口。雖亦不少屈曲之處。然其蜿蜒紆回。究不若鐵路之半。故運費廉而時間亦省。鐵路之運輸。終不能與之競爭。

吾國鐵路運費之大。一般商民。均已感受苦痛。加之各路聯運。尚未完全。一再裝卸換車。而物產輸送方法。亦不講求。貨車本不敷用。任意分配。未能分別緩急。經過之處。尚有種種納稅手續。需時甚久。在原產地極廉之物品。至於輸出港。則其價甚昂。不能與舶來品競爭。如我國輸出日本之棉花。與印度棉花相比。即可證明我國轉運機關之不便。設黃河水運改良。運價極廉。需時又少。其受商民歡迎者。亦勢所必至也。

黃河沿岸之產出品。以棉花，獸皮，雜穀，等爲最多。山西陝西之間。並有未開之鐵礦，石炭礦，石油礦等，皆因無適當之運輸機關。使天然之寶藏。無從啓發。引爲憾事。誠能利用黃河水運。俾我國中部之物產。集散於河口港。以廉價輸出於渤海沿岸。則既可開發西北之富源。同時並可增進文化。不僅商民獨蒙其利也。

第五章　河口築港預計集散於河口之物產

黃河水運改良後。沿岸物產。必然會集於河口之新商港。已如上章所述。茲再將漢口，上海，天津，青島，各處每年輸出中部各省之物產。作精密之調查。其主要各貨物轉運之情形。依次說明。以供參考。

1. 棉花　棉花為黃河沿岸輸出品之大宗。近來紡織業發達。棉花亦需要愈多。以鄭縣棉及山東棉為最。其產地為山西，陝西，河南，山東四省。山西，陝西，河南三省之棉。多由黃河民船集中於鄭縣。再分布於名地。故通稱為鄭縣棉。

鄭縣棉之輸出。南由平漢路運至漢口。再由長江水路運往上海。或東經隴海，津浦，京滬，三路而達上海。至山西北部所產及山東棉。則以天津，青島，為輸出港。

自提倡試種美棉。除土棉外。概為美國棉種。其栽培結果。對於吾國土質氣候。均甚適宜。惟栽培採收等技術。不甚熟練。故較美棉稍次。將來再加以研究。使農民改良種植之術。則吾國棉業。輸出國外。必可與盛行日本之印度棉美棉相為競爭。

鄭縣爲內地棉花之集散地。南距漢口三百十九哩。北距平漢路黃河南岸站十六哩。當隴海平漢兩路之交义點。將來逐漸發達。不難爲中國之支加哥市場。漢口外商。由鄭縣採辦之棉花。運至漢口。每噸需費二十四元三角九分。而棉紗洋布以及其他重要物品。均因運費之鉅。不能輸入鄭縣。以資交易。故購棉代價。皆支付現金。極感不便。若黃河水運暢通。利用至廉之運費。以誘導商貨之輸送。自可開一貿易之新路綫。中外商民亦可免去現金交易之困難。

茲將民國十三年輸入日本之棉花額比較如左。

印度棉　一百四十萬四千九百十二擔

中國棉　五十一萬九千四百八十八擔

美國棉　四十八萬三千一百十二擔

合計二百四十萬七千五百十二擔

中國棉質不次於印度。而日本人所用棉花。印度棉實占主要位置。則以我國出口之棉。運費較大。價格較昂故也。如能利用黃河水運。則每噸可減三四十元之運費。必能與印度棉相競爭。且中國棉之大部分。產於黃河沿岸。利用水運。亦極便利。故經營黃河航綫及河口築港均有迅速施行之必要也。

2. 桐木 桐木可爲各種器具材料。（日本人以爲本屐彼國桐樹甚少十分之九爲吾國輸入）青島爲桐木交易之大市場。其輸出額每年約三萬噸內外。天津漢口等處。輸出亦不少。其主要產地爲山東河南二省。然山東桐樹採伐殆盡。現在中日商人。每向鄭縣等處購辦。又有在鄭縣西之密縣觀音堂。或彰德西方山林中。設立工場。利用工價低廉。製成木屐材料。包裝成捆。以備輸出日本。亦有將樹幹原形。由隴海，津浦，膠濟三路。運送於青島者。距鄭縣較遠之地。所產桐木。在北向天津輸送。在南向漢口輸送。漢口輸出之桐。爲湖南產者不少。

吾國所產之桐。分山地產及平原產兩種。山地產者其質堅。平原產者其質軟。普通多以桐木製爲棺槨。日用器具。多忌用之。獨河南因他項木材甚少。亦有用爲板壁床板及桌椅等日用材料。在鄭縣購一西洋式桐木書桌。價值十二元。洋服桐木箱子。價值十六元。其桐材價格之廉可知。

桐材由鄭縣運至青島。每噸運費需約三十元零五角。到達日數。亦需十五日至三十日。如由黃河水運至河口。約計運費十五元以內。卽可敷用。到達日數。亦不過四五日。運費既省。價格亦自然減輕。而銷售較易。故將來桐材之市場。亦以河口港爲甚便利。

3.石炭　在河南省北部。山西省南部。無論有烟炭無烟炭。礦量均極豐富。其中規模最大。產量最多者。爲焦作之英商福公司及中原公司所經營之炭坑。其在山西南部經營爲尤大。石炭販路。爲平漢道清兩路綫及衛河。（向天津運送）黃河沿岸各地販賣最大之商。爲福中公司。等於專賣。價格甚高

山西晉城。產無烟煤。其炭質比焦作炭純潔。產量亦富。惜仍用土法開採。規模甚小。然其炭價甚廉。在山元炭。每噸不過二元上下。祇以交通不便。僅賴騾馬之輸送。不能運出多量。誠爲憾事。

晉城與博愛間七十二里。正當太行山蟠結地。英商福公司。雖有布設鐵道之權。但恐晉城煤炭之輸出。妨礙焦作炭之銷售。故未興修。然使黃河水運暢通。迫於必要時。則澤清鐵路。自然完成。晉城煤炭之輸出。無論由何地點比較。當以黃河航運爲最優越。試將澤清鐵道完成後。與各鐵路之運費距離所需時間等計算列表。以資比較。

輸運地域	經過之路	運費計算法	運費數	所需時間
晉城漢口間	道清路 平漢路四七一哩	每噸每哩約用一分五之運費	七元、〇六五	五日
晉城青島間	道清膠濟兩路聯絡五七五哩	每噸每哩約用一分五之運費	八元、六五五	五日
晉城天津間	道清路一三〇哩 衛河水路五七〇哩	每噸每哩約用一分五之運費	（道清1.95）（水路3.71）五元、六六	二十日
晉城黃河口間	道清路六七哩 黃河水路三六〇哩	每噸每哩約用一分五之運費	（道清1.01）（水路4.00）五元、〇一	四日

據右表觀之。由水運至黃河口之輸送。無論何點。均占優勢。故晉城炭之輸出港。以黃河口爲獨占之地位。可斷言也。

次於黃河之航運。而運費低廉者。爲由衛河向天津輸送之水運。石炭每噸之運費。需七元五角上下。且水路狹隘。下航亦須十四五日。每至冰期不能航行。較之改良後之黃河水運。不可同日而語。

澤清路綫。未能完成。晉城炭之輸出。全賴騾馬以資轉運。計騾一頭可馱壹百五十斤。運費約十五千。若以一噸計算。則需運費八元四角之鉅。且裝卸手續。亦甚繁雜。若改由黃河輸出。每噸運費。約需銀十六元三角內外。（在煤山晉城間炭價約銀二元三角由晉城運至黃河沿岸運費約銀十元更由黃河水運運至河口運費約銀四元合計不過十六元三角內外）澤清鐵路修築後。則需費更省。由晉城運至黃河口。亦不過需銀七元四角左右。

博山炭撫順炭與日本九州炭行銷青島。市價最低七元至十餘元。焦作炭行銷天津。價格十二三元。法國領地所產之紅概炭行銷日本門司。每噸二十三四元。若澤清鐵道開通之後。由晉城運送於黃河口。預計價値亦不過七八元。而炭質之良。實駕前列各種煤炭之上。如能輸出渤海。分布於青島，天津，日本，等處。必能暢銷。其挽囘利權者不少。

山西省之石炭。據外人推測。可供全世界千餘年之需用。以交通機關不備。未能盡量開採。利棄於地。殊爲可惜。茲將山西省之石炭埋藏量。與世界總炭量。比較如左。（全世界石炭埋藏量夙稱爲七億億噸）

美國　六八四〇億噸　　德國　一五〇〇億噸

英國	一四〇〇億噸	法國	一八〇億噸
奧國	一七〇億噸	俄國	一五〇億噸
日本	三七億噸	中國山西省	八九〇〇億噸

吾國山西一省之埋炭量。較之以産煤著稱之英美兩國合計之炭量猶多。占全世界埋炭量十分之一以上。不可謂非極大之富源也。至其炭量詳細數目。現雖無確實調查。然依德國力喜脫恨氏之推定量。爲一兆二千億噸。美國位利斯氏之一部調查。爲五百億噸。英商福公司之推定量。爲一兆億噸。日本井上之推定量。爲五千五百億噸。吾國地質局之推定量。爲七千億噸。若將上列諸量平均計算。約爲八千九百億噸。其産量之豐富。在全世界誠首屈一指。列强垂涎已久。急欲攬奪其利權。以國際間均勢。未能打破。卻顧逡巡。未敢先發。惟冀我國速統行一。政治得上軌道。以發展水陸交通。俾黃河航運之改良計畫。早日完成。庶可握此大寶庫之鎖鑰。而免外人之覬覦也。

4. 鐵及鐵器　河南山西兩省除煤甚豐外。要以産鐵爲最多。按山西全省鐵之蘊量約計爲十萬萬噸。而以晉城，長治，陽縣産量爲最多。河南鞏縣，修武，武安等縣蘊量極豐。礦質亦極純潔。且兩省鐵礦產地靠近黃河。便于運輸。且與產煤區甚近。更便于冶煉。果能開闢河運。非但暢銷于內部。並可以輸出于外洋。現晉城所製鍋釜農具及一切日用品等。以山路艱險。多借馬力以輸送於博愛與各地交易。交通機關。雖不完備。猶能行銷於中部各省。並至於渤海沿岸。晉城鐵通稱山西黑鐵。馳名最久。現用舊法採掘。每年產額。不過十餘萬噸。若能輸運便利。再改良採掘方法。前途之希望甚大。現由博愛運輸山西鐵經過之路綫有二。

（一）由博愛經鐵路至道口。更由衛河水路至天津。每噸運費十五元一角一分。

（二）由博愛經鐵路至道口。再由衛河水運至山東德縣。經津浦路至濟南。更轉膠濟路運至青島。每噸運費十九元五角六分。

天津青島。爲現時山西鐵大宗輸出之路。若能改良黃河水運。由博愛經鐵路至孟縣。順黃河而下。以至河口。運費亦不過與運往天津相等。而時間可以節省。將來河口港建設後。山西鐵及鐵鍋並其他鐵器等。必出於河運之一途。而分布於各地。

5. 獸皮獸骨及各項油脂等　獸皮有牛，馬，羊，山羊，犬，等皮。陝西，山西，河南三省所產之獸皮，獸骨。皆以鄭縣爲集散市場。在山東西部者集散於菏澤。向漢口輸出。其山東西北部之所產。則集散於聊城臨淸。一部輸出於濟南。一部輸出於天津。

在河南鄭縣及山東菏澤之產品。向漢口輸出。每擔運費約一元七角。需時五六日。始可運到。若改由黃河水運。每擔運費不過七角上下。所需時間僅二三日。故知新港建設後。此等商品。必由河口輸出無疑也。

鄭縣所集散之花生油豆油亦甚多。德租膠澳時卽有利用黃河水運輸出之計畫。若於黃河沿岸設置製革工場及榨油工廠。其製出物品。卽由黃河水運輸出。當更便利。

6. 雞與雞卵　沿岸各地生產甚多。鄭縣附近有許多蛋粉工廠。其向外輸出者多卵製品。絕少雞卵。將來河口設港。濮陽，菏澤，聊城等之雞卵。必當集中河口。爲輸出之大市場。與上海，天津，青島相等。

7. 牛　現今由靑島輸出日本之牛及牛肉。皆山東西部及河南所產。因靑島有屠獸場。所有牛隻。多集中濟南。轉運於青島。如河口設港。則可由水運輸出。不須假道青島矣。

8.石油及雜礦　陝西省延安延長附近。有最大石油之產脈。美商斯塔賴多公司。曾與我政府訂約。合資開採。爲大規模之計畫。嗣以產量過多。恐妨礙其本國煤油之銷售。且交通不便。無法輸送。合同期滿。迄未採掘。僅陝西人民。利用少數產額。已足供全省需要。排斥外油之輸入。至河南山西兩省太行山側。亦有油脈。若改良黃河水運。各地石油礦。逐漸開採。將其產出品集中於河口。分布於國內國外。則可與各國石油相競爭。並於科學上生出種種副產物。其所以福國利民者。誠挹注無窮之富源也。

其他如山西西南部。及河南之黃河北岸。銅鐵鉛銀等礦脈。若能逐漸開採。將礦產集散於黃河口。其利益亦大。

9.農產品　黃河沿岸所出之農產額。爲全國之冠。就中如小麥，花生，高粱，豆類，菓實等。產出尤多。其輸向天津，青島，漢口等處。胥恃鐵路爲轉運。需時既多。運價亦貴。故其價格甚昂。若黃河水運改良。運費復廉。則農產之輸出。必羣集於黃河口。而分布於各地。

10.工業品　黃河沿岸。工業程度尙低。故出品極少。其向外輸出者。現時僅草帽辮，花邊，髮網，土綢等。較爲有名。至國內所需。亦不過乾粉等之手工品。若水運發達。工業亦隨之振興。其製造品及原料品等。自必以黃河口爲集散市場。

11.藥材　黃河沿岸。產生藥材亦甚多。秦隴山中。品類極繁。如長治之黨參。沁陽之地黃山藥。山東泰安之山查。尤爲馳名。故潼關，安陽等處。皆有藥材集散之市場。如河口開港。是亦黃河水運之大宗物品。

12.日用需要品　如河南沁陽附近之竹材，竹皮，竹器。鄭縣附近所產之西瓜子。山東聊城所出之紅棗。每年多有鉅額之輸出。如水運暢通。亦必以黃河口爲集散市場。

以上各項均係黃河下航之物品。在普通內河轉運。按照美法德等國情形。大概下航貨物爲七。上航貨物爲三之比例。惟黃河沿岸。適得其反。蓋黃河流域之特產物。其主要者爲農產礦產等。至日用品之製造甚尠。如鹽，茶，捲烟，紙，砂糖，絹織物，洋線布，火柴，石油等。幾乎全仰給國內及國外之輸入。故預計河口開港後。上航貨物。必不少於下航。此亦黃河水運之特殊情形也。

黃河流域之輸入品。國貨外貨。均有多量。茲分列於下。

1. 國貨　本國貨物之上航。如山東各地之土布。鹽，鹹魚。寧歧安徽之茶。蘇杭之綢緞。浙江江西之紙。上海天津所出之化妝品。暨室內陳列之器具。濟南上海之棉紗洋布等。

2. 西洋貨　西洋貨之輸入者。第一爲石油。其次爲洋布，砂糖，捲烟，紙，化妝品等。

3. 日本貨　日貨之輸入者。最多爲洋線，洋布，砂糖，火柴，紙，化妝品，洋燈，時錶，及機械工具等。

茲將現時堆積於黃河沿岸各地商品之概略列表如左

地名	下航之物產	上航之物產
黃河口	現時無	輸入國內外一切之商品
利津一帶	棉花　花生　鷄卵	鹽　鹹魚　土布

濼口	棉花 花生 花生油 鷄卵 麥粉 雜粮 雜貨	石油 洋線 洋布 砂糖 茶 捲烟 火柴 雜貨 石炭
東阿一帶	棉花 棗 果實 雜粮 牛 鷄卵 阿膠 雜貨	土布 雜貨
壽張一帶	草帽辮 鷄卵 雜穀	無
菏澤一帶	棉花 花生 鷄卵 獸皮 木瓜 牡丹	土布
濮陽一帶	小麥 草帽辮 鷄卵 桐木	土布
蘭儀口及開封	花生 桐木 鷄卵 雜粮 碱	絲織物 茶 雜貨
黄河南岸站鄭縣	棉花 桐木 獸皮 油脂 蔴 藥材 瓜子 陶器	洋線 洋布 砂糖 火柴 捲紙 茶 雜貨
博愛晉城	藥材 石炭 鐵貨 竹貨 竹器 鐵 硫磺 薑	本國雜貨 洋線 洋布
陝縣	棉花 羊皮 藥材 水烟 羊毛	略同博愛
潼關	略同陝縣	略同陝縣

西安	棉花　羊毛　羊皮　石油	無
汾水流域	棉花　石炭　羊毛　羊皮　鐵	無

附物產由集散主要地向各市場距離表

集散地	通過地	到達地	鐵路哩數	水路哩數	陸路哩數	合計
平漢路黃河南岸站	濼口	濟南		二〇〇	四	二〇四
		黃河河口		三〇〇		三〇〇
		鄭縣	一八			一八
	鄭縣	銅山	二三一			二三一
	鄭縣銅山	浦口	四四一			四四一
	鄭縣銅山浦口	上海	六三四			六三四

鄭縣	漢口	三四五			三四五
鄭縣漢口	上海	三四五	六九〇		一〇三五
	新鄉	三〇			三〇
新鄉	博愛	八			八一
新鄉博愛	晉城	八一		三七	一一八
博愛孟縣	晉城	四〇	五〇	三七	一二七
新鄉	道口鎮	七五			七五
新鄉	安陽	九八			九八
新鄉安陽	北平	四一二			四一二
新鄉北平	天津	五一五			五一五

	新鄉道口	天津	七五	五七〇		六四五
鄭縣	黃河南岸濼口	濟南	一八	二〇〇	四	二二二
	黃河南岸站	黃河口	一八	三〇〇		三一八
		銅山	二一三			二一三
		濟南	四一三			四一三
博愛	新鄉	漢口	四三九	五七〇		一〇〇九
	新鄉道口	天津	一〇〇	三〇〇		四〇〇
	新鄉黃河南岸站	黃河口	九八	三五〇		四四八
	孟縣	黃河口	四〇	三五〇		三九〇
	孟縣濼口	濟南	四〇	二五〇		二九〇

		晉城			三七	三七
安陽	新鄉鄭縣	漢口	四三九			四三九
	北平	天津	四〇〇			四〇〇
	黃河南岸站	黃河河口	九八	三〇〇		三九八
	黃河南岸站濼口	濟南	九八	二〇〇	四	三〇二
濮陽	黃莊濼口	濟南		一七〇	(開縣至黃莊)二三 (濼口至濟南)四	一九七
	黃莊	黃河口		二七〇	二三	二九三
	臨濮集濼口	濟南		一三四	(開縣至臨濮集)一七 (濼口至濟南)四	一五五
	臨濮集	黃河口		二三四	一七	二五一
	濟寧	浦口	三二〇		七〇	三九〇

濟南	灤口	黄河口		一〇〇		四	一〇四
		天津	二二〇				二二〇
		青島	二四五				二四五
		銅山	二〇〇				二〇〇
		浦口	四一一				四一一

附黄河碼頭主要物品輸出入表

省名	碼頭名	南岸或北岸	主要地之距離	輸出品	輸入品
山東省	鹽窩	北岸	至河口百里至利津三十里	鹹魚　鹽	
山東省	利津	北岸	距灤口三百七十九里	黄豆約五十萬擔棉花約四十萬斤紅棗約五十萬斤胡桃約五十萬斤鹽鹹魚	高粱約二十萬擔小麥約四萬擔石炭約四萬噸棉布約三十萬包雜貨約二萬擔紙約一萬擔

山東省蒲台	北岸	至利津八十三里	棉花約百萬斤花生約百萬斤黃豆約五十萬斤	輸入無確數
山東省臨邑	北岸		花生約二十萬斤棉花約二百萬斤	略同蒲台
山東省陵縣	北岸		花生約百萬斤棉花約二百萬擔	略同臨邑
山東省濟陽	南岸		花生約八十萬斤棉花約二十萬斤土布	略同蒲台
山東省濼口	南岸	距菏澤四百七十里距姜溝二百四十里距平漢路黃河南岸站二一一哩距天津二〇〇哩距濟南三、五哩距黃台橋三、七哩	黃豆約十五萬噸小麥約十萬噸高粱約四萬噸米約二萬噸紅棗約五萬噸花生約六萬噸牛皮約二萬噸牛骨約四萬噸尙有草帽辮胡桃鹽雜貨等	砂糖約九千噸石炭約六萬噸紙約三萬噸餘如棉布石油洋線火柴雜貨等均有多量之輸入
山東省長清	南岸	至濟南水路一四〇里陸路七〇里	牛皮　麥桿　小麥　黃豆	雜貨　石油
山東省平陰	南岸		梨　豆油　果實　牛皮	雜貨　石油
山東省茌平	北岸		牛約三萬頭紅棗約三百萬斤	略同平陰

山東省	姜溝	南岸	距濼口二百四十里距東阿八里	阿膠 梨 豆類 牛羊皮 牛骨 粗布	洋布 石油 石炭
山東省	東阿 即運河口	北岸	至東平七十里	琉璃盆 席子 棗 酒 草 帽辮 小麥 黃豆 穀類 花生 甘薯	洋火 砂糖 麥粉 藍靛
山東省	阿城	北岸	至聊城七十里	農產 棗 麥捍 牛脂	石炭 捲烟 洋火 紙
山東省	聊城	北岸		棉 牛 小麥 繭	砂糖 洋布 洋油
山東省	壽張	北岸	至湯頭二十五里	乾粉 生絲	雜貨 石油
山東省	觀城	北岸		草帽辮 棉花	略同壽張
山東省	臨濮集	南岸		獸皮 牛油 牛骨 棉花	石油 砂糖 洋火
山東省	菏澤碼頭			花生 土布 柿餅 牡丹	捲烟 茶 洋線 石炭
山東省	董口集	南岸	至濮縣四五里	乾粉 草帽辮	雜貨 石油
河北省	黃莊	北岸	至濮陽七十二里	豆類 花生 小麥 紅棗	石炭 石油 洋火

河北省	濮陽縣		至東明十里	牛皮 土布	洋線 鹽 砂糖
河南省	蘭儀口	南岸	至蘭封十里至開封八十里	花生 碱	石炭 鐵貨 香料
河南省	開封碼頭 一名龍門口				棉布 雜貨
河南省	柳園口	南岸	至開封十八里	向開封輸出品甚多	
河南省	平漢路 黄河南岸站	南岸	至鄭縣十八里至濼口二百十里	藥材 磁器 穀類 豆類 地黄 牛 鐵 棉花	
河南省	汜水	南岸		棉花 水烟 藥材 獸皮 麥 豆 雜貨 布	洋火
河南省	趙莊 泌河口	北岸		藥材 竹器 烟葉 硯 香料 家畜	藍靛 洋線 絹物 羊皮 小麥 雜穀
河南省	洛水口	南岸	陸路至鞏縣洛陽水路至洛陽八十五里	棉花 石炭 石材 獸皮 穀類(陸路) 藥材 百合根(水路)	(陸路)石炭 棉布 石油 (水路)砂糖 烟捲 鹽
河南省	陽武	北岸	至温縣五里	牛羊皮	雜貨 石油
河南省	鐵謝鎮	南岸	至孟津五里至懷慶二十里	藥材 硯石 皮貨 牛骨 牛皮 黄豆	雜貨 洋布 豚 羊 小麥

河南省陝縣	南岸	距平漢路黄河南岸站七十五里	棉花 獸皮 藥材 水烟 鐵器 羊毛	
河南省靈寶	南岸		棉花 棗	
河南省閿鄉	南岸		棉花	
山西省運城	北岸		棉花	
陝西省潼關	南岸	至平漢黄河南岸站一千零五十里至陝縣三百里	獸皮 羊毛 藥材 水烟 鐵器 棉花 鹽	
陝西省渭南	渭水南岸		棉花約二萬五千擔	
陝西省西安	渭水南岸		棉花約三百萬擔	
陝西省三原	渭水北岸		棉花約五萬包	
陝西省咸安	渭水北岸		棉花約二萬包	
陝西省朝邑	黄河西岸		棉花約五千包	

陝西省韓城	黃河西岸		棉花約七千包藍靛亦多	
山西省永濟	黃河東岸		棉花約五百萬斤	
山西省滎河	黃河南岸		棉花約五百萬斤	
山西省河津	汾水北岸		鐵 石炭	
山西省新絳	汾水北岸		棉花 生絲 鋼鐵 石炭	
山西省曲沃	汾水東岸		略同新絳	

第四篇　黃河鐵橋之建設

第一章　平漢路之黃河鐵橋與黃河南岸車站

平漢鐵路建築鐵橋在遜清光緒二十九年。（西曆一九〇三年）逾年工事始竣。工費約需八百萬元。保險期十五年。橋長三千零十米突。爲東亞第一長鐵橋。橋墩一百零二。橋旁及橋上均安裝電燈。橋下有砂洲數處。濁流甚急。南端有平漢路所派之法籍技師。常駐管理。落成後。曾修理一二次。至民國十一年。保險期屆。交通部曾準備換橋費。招集各國技師。設計投標。會以內戰未息。事遂擱置。現保險期限已過。車輛行駛橋上。極爲注意。且以南北戰事。蒙害尤深。非僅僅應急補綴。所能免除危險也。

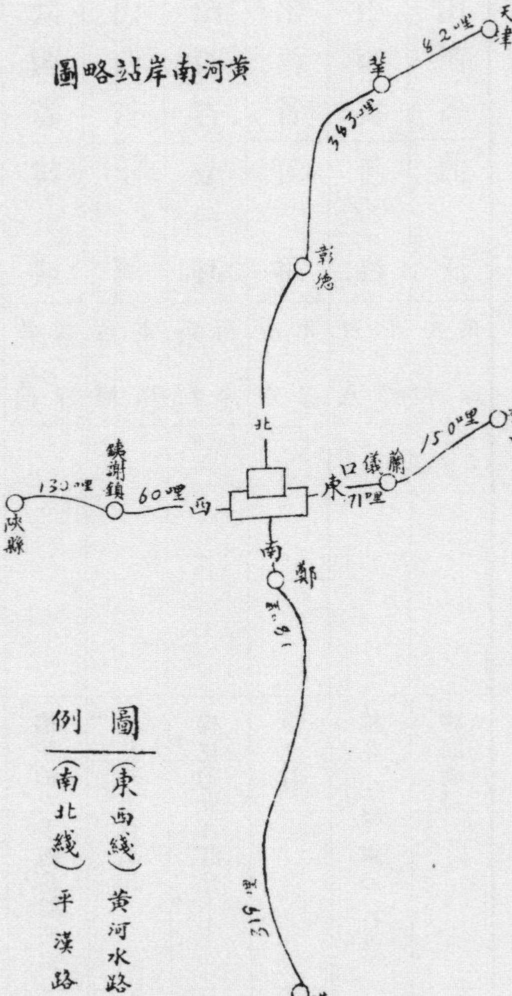

黄河南岸車站。在北緯三十四度四十七分。東經百四十三度四十分。本稱滎澤口。爲一小村落。適值平漢之黄河橋西。廣武山下隧道之東端。地勢較高。土民多穴居山間。自陝縣以西丘陵起伏。至是始漸平坦。平漢鐵路修成後。以此地可吸收黃河水運之陝甘山西及河南西部之物產。特設此站。以期發展營業。（先是平漢在黃河北岸設站並沿河岸向西敷設二里許之支綫以吸收黃河下航民船之物產後以河道變遷水運不便遂全以南岸爲商貨集散中心其北岸之站現僅居民十餘戶路方由鞏縣用輪船輸送之石材尙由此起卸）商民乃漸次移居其間。橋邊及車站附近。有五六十戶。專爲鄭縣及漢口轉運貨物之代理店。內皆有極大之院落。以代倉庫之用。其主要之建築物。爲平漢路之事務所。及法人住宅等。每年由黃河運來多量之物產。於平漢業務上裨益匪淺。故預計改良黃河水運。當以此地爲第一期航綫終點。且爲上流商貨唯一之集散地。新市之建設亦不容緩也。

由黃河上流運來之物產。以棉花，獸皮，鐵器，藥材爲大宗。每於十一十二兩月。棉花船蔽河而下。停泊河岸。（此地氣候夏季室內華氏九十五度左右冬季在冰點下十度內外河內不至冰結）岸上堆積之棉花。有數百人力小車及馬車。爭相搬運。至車站或貨站。邪許之聲不絕。

停船場在黃河南岸水流稍緩之處。水量頗深。河面高與岸等。民船停泊。可以自由登岸。岸上植木樁以繫船。並無何種設備。附近兩岸。多爲沙邱。北岸之隄防。西起白坡。蜿蜒連續。直至山東省之黃河口。（北岸堤防分爲兩道第一隄防距河岸約五千米第二堤防距河岸八千米）南岸則自車站以東。始有隄防。河中常涌沙洲。東至蘭儀口三百里間。河道屢有遷轉。河床幅由二三千米至八千米。爲黃河最寬處。茲將由南岸車站分向各地之水運區域列左。

向陝縣六百里　向洛陽三百里

向汜水七十里　向蘭儀口三百里

停泊黃河南岸車站之民船。以槐木楊木粗製之毛板船爲最多。吃水約一尺五寸內外。其載貨之種類如下。

1. 棉花船（一曰元船亦稱毛板船）

載重約一萬八千斤至三萬斤。（棉花每包重二百斤載百包內外）由陝縣下航至此。藉鐵路分運各地。船隻卽行售出。每隻約二十元左右。

2. 糧食船（一曰魏標船或稱象鼻船）

載重一萬四千餘斤往來於洛陽蘭儀口間

3. 陶器船

載重約一萬斤至二萬斤。其最大者載重二十四噸（約四萬斤）然極不多見。輸運磁縣禹縣之陶器。往來於南岸車站及蘭儀口間。

民船航行之時期。以三四兩月爲最宜。五月至八月次之。九月至十二月又次之。然以農

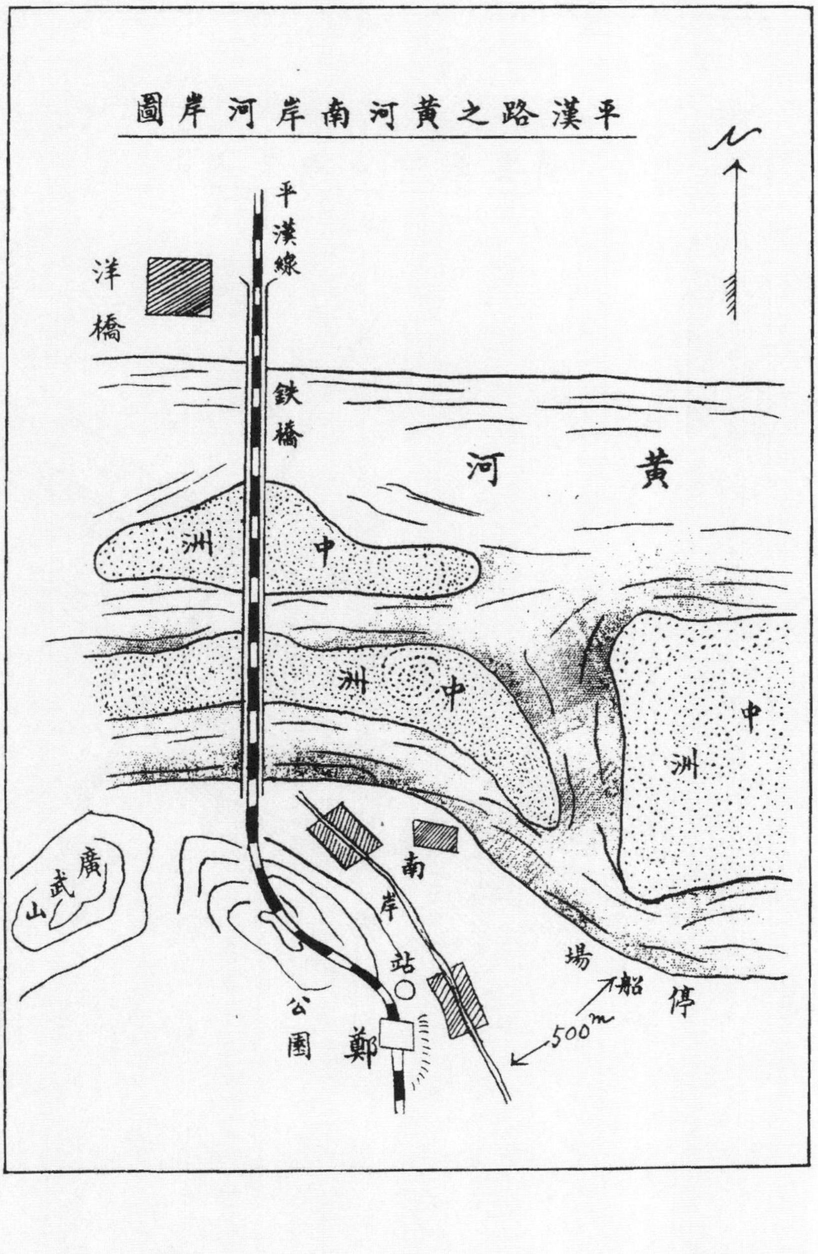

平漢路之黃河南岸河岸圖

附圖二十五

山東濼口河岸要圖

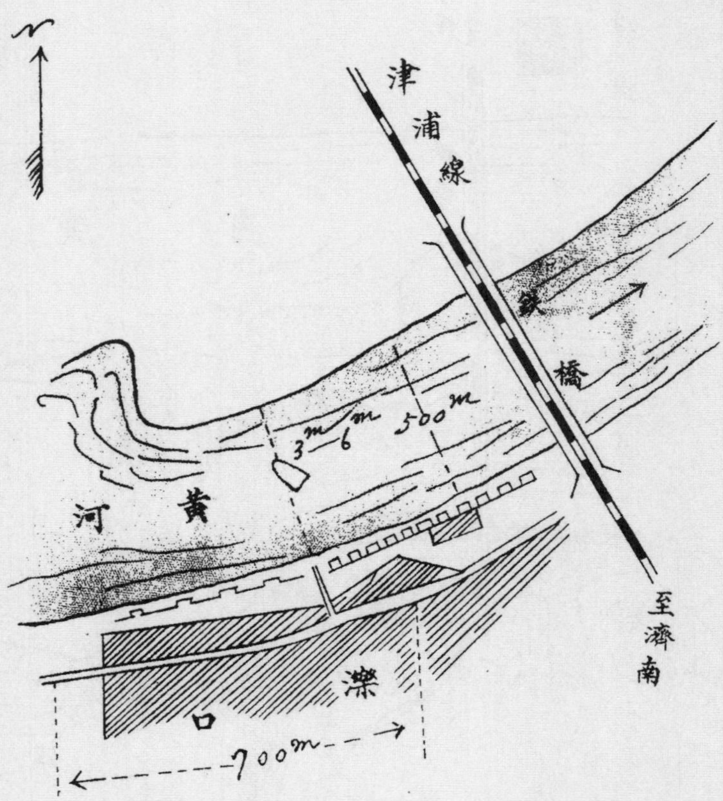

附圖二十六

濟南省城及商埠大勢圖

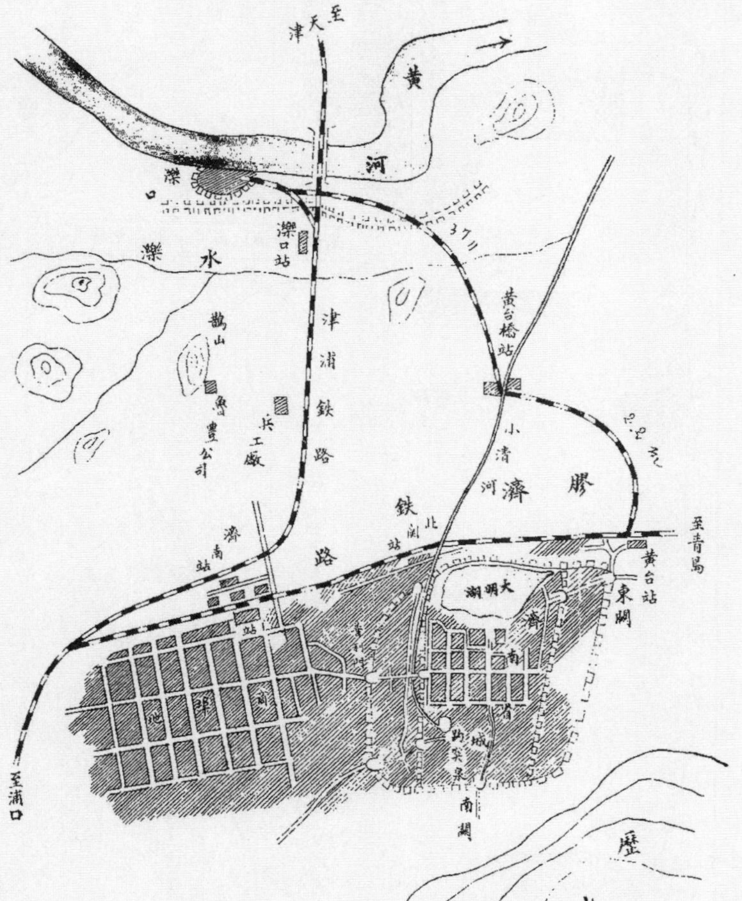

附圖二十七

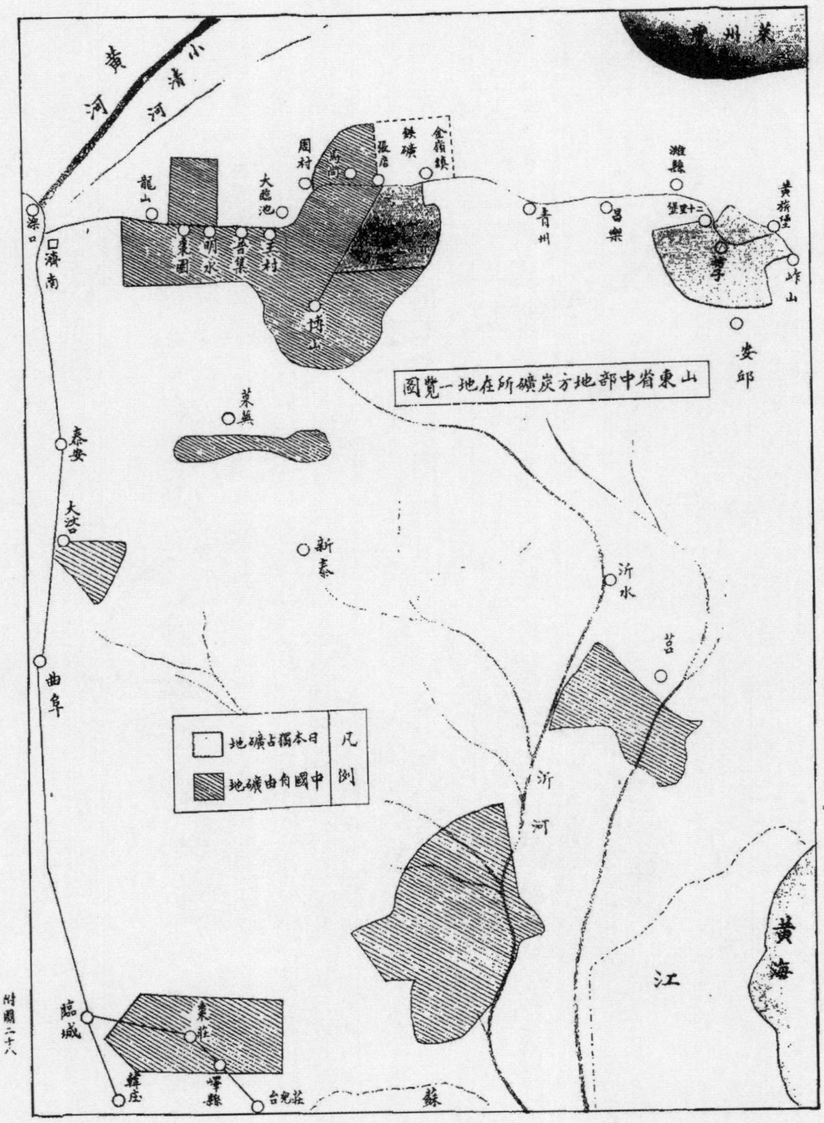
山東省中部地方炭礦所在地一覧圖
凡例
日本獨占礦地
中國自由礦地
黃河
小清河
濟南
龍山
棗園
明水
普集
王村
周村
張店
鐵礦
金嶺鎮
博山
青州
昌樂
濰縣
岞山
安邱
泰安
萊蕪
新泰
沂水
莒
曲阜
沂河
臨城
棗莊
嶧縣
台兒莊
蘇
江
黃海

附圖二十八

田收穫之故。至秋冬之交。民船轉多。嚴冬時河岸有時結冰。亦無礙於航行。每至一二月間。河上船多休業。桃花汛及洪水期間亦須停止航運。

車站距黃河碼頭。約五百米突。貨物之搬運。皆用車馬。商貨運向南方者。則由鄭縣輸出於漢口，上海。運向北方者。則由新鄉，石家莊，北平，輸出於天津。且由新鄉與道清路銜接。由石家莊與正太路銜接。其南十八里之鄭縣。更有隴海路橫貫。西達關陝。東通徐海。並可由銅山假道津浦。與濟南，青島相交通。以四通八達之要衝。現在僅吸收黃河水運之物產。而航業猶墨守舊法，不能改進。人事之不修。非盡由地理上之制限也。（平漢貨車以營業發展不敷分配商人每裝船赴汜水改由隴海路轉運將來黃河南岸站必速於鄭縣市場間修築汽車路力免受商運改道之影響）

陝西之棉花每年爲鉅額之輸出。鄭縣市場間。中外商人。設莊收買者甚多。其輸送之路綫如左。

輸送區域	經過鐵路哩數	所需時間	運費數目
經濟南至青島	六七〇哩	六日	約三〇元零六角

經銅山至上海	六三四哩	八日	約二四元四角
直運漢口	三二四哩	五日	約二四元二角
經北平至天津	五一〇哩	六日	約三五元

試就上表觀之。其所需時間之長。運費之大。商民極感不便。若由南岸車站。利用黄河水運以至河口。最多不過三四日。運費亦斷難超過二十元以外。卽使由濼口上陸。輸出於青島。或由津浦路輸出於天津。亦較由鄭縣藉鐵路運輸者爲便利。且河運暢通。上航之物品。藉平漢路分布之機會更多。對於平漢之業務。絕不至受河運之影響。故黄河南岸車站。必能逐漸發達。爲河南中部之一大市場。

近來道濟鐵路。已有展築之動議。論者謂此綫完成。關陝晉豫之商貨。必將出於其途。黄河航運。恐難進展。然由黄河南岸車站北至新鄉。始與道清路銜接。東經道口以至濟南。約計有二百六十四公里。展轉紆回。連絡上頗爲困難。須計各路運費。棉花一噸。至少亦需二十元以上。終不如水運費用較廉。故改良黄河之航綫。對於道濟綫之修築。

無庸鰓鰓過慮也。

黃河南岸站營轉運業者。約有數十家。專運送由黃河下航之物產。如棉花，水烟，生鐵，鐵貨，藥材，羊毛，獸皮等。皆堆積庭院內。上覆以席。棉花一包之保管費。約一角五六分。他物稱是。每貨物出進最盛時棧主與鐵路交涉。自將貨車配好。次第轉運於鄭縣漢口等處。但由此地上航之物產絕少。

黃河水運棉花之運費約舉於下（均以黃河南岸站爲到達地）

由陝西渭南運棉花一擔用銀三元內外　一噸需四十元左右

由河南靈寶運棉花一擔用銀一元五角內外　一噸需二十元左右

由河南陝縣運棉花一擔用銀一元三角內外　一噸需十七元左右

黃河南岸及鄭縣間輸送棉花之運費及各種費如左。

黃河南岸站上陸費	每包〇、〇三二	小車
倉庫保管費	每包〇、一七〇	
至鄭縣火車費	每擔〇、四〇〇	
雜稅	每擔〇、一七〇	

由陝縣水運費　每擔一、二八〇

共計二元零五角三分

附平漢路黃河南岸站輸入品表（此地無產出物專經理輸送商貨）

輸入物品	數量	產出地	消售地	摘要
棉花	五十萬擔	河南靈寶陝縣 陝西渭水沿岸 山西永濟新絳	鄭縣漢口 上海天津 濟南青島	其產量雖不明確大約陝西六百萬斤河南三十萬斤山西三百萬斤皆以鄭縣爲集散地每年自十月至次年三月每日約有五六十隻商船在河岸停泊
雜糧	六百萬斤	洛陽	附近各地	每日有糧船七八隻出入於黃河南岸
藥材	二千五百斤	陝西潼關及河南沁陽	漢口上海香港	陸路由趙莊輸送至黃河南岸站乃由平漢路轉運於漢口在產地每擔十七八元至漢口需二十四五元
地黃	四萬五千擔	仝前	仝前	產地每擔七八元至上海每擔十五六元
生鐵	兩千噸	山西晉城 河南新鄉	黃河沿岸 各省區	由博愛輸送至黃河南岸站更由鐵路或水路分布於各地運向禹縣周家口蘭封爲最多
芝麻黃豆	四千噸	郾城一帶	河北省	多由平漢路輸入復渡河分布於河北地方

陶器	七十萬斤	河北磁縣 河南禹縣	蘭封一帶	由平漢路運至黃河南岸車站復由水運至蘭儀載二百擔之瓷器船每年有四五十隻往來
雜貨	未詳			多由鄭縣輸入

平漢鐵路在黃河南岸站揭出之物產表

黃河南岸站運出品

棉花　產於山西永濟及陝西西安運銷漢口爲多

總價章第十二款列二等

每年產額四百萬斤陝西約一千五萬餘斤由路運出約五十萬擔

在產地每擔洋四十四元銷售地每擔洋五十二三元

生鐵　產於山西晉城銷售於河南禹縣爲多

總價章第十五款及第二十五款列五等

產數極多每年由路運出約二千噸

產地每擔洋二元銷售地每擔洋三元二角

地黃　產於河南沁陽運銷上海香港爲多

格外價章第四十五款列五等

每年產額約四萬五千餘擔由路運出約四萬一千五百擔

產地每擔價洋七八元銷售地每擔洋十四五元

草辮　產於河南滎澤縣銷售於上海

格外價章列二等

產額未詳每年由路運出約二三萬包

產地每兩約銅元五六十文用途製夏帽用近來山東之草辮不足應用滎澤所產每從衛河輸出於天津

第二章　津浦路之黃河鐵橋及濼口

津浦路之黃河鐵橋。爲德國技師設計建築。長一千二百五十五米突。有平漢鐵橋三分之一。自前清光緒三十四年興工。至宣統二年始竣。工費共用德幣壹千二百萬馬克。河流至此甚急。漩渦之多。爲下流所罕見。在增水期。有四米突之流速。平時亦有二米。據德國技師調查。河流中央一秒時之流水量。增水期有一二、〇〇〇立方呎。減水期亦有四、〇〇〇立方呎。河底泥沙有二米突之深。常隨河水流動。加之急激之渦流。故於中流建設橋基。至爲困難。乃於着手工程之先。詳爲研究其結果。發見通於黃河之西河。及所謂大淸河之運河河底。有堅固之粘土層。不爲流水所溶解而流動。遂於此處建設橋柱。並豫防將來之流水移動。卽使洪流暴漲。亦不至受若何影響。橋工之堅。世界無比。橋脚之構造。除最中央之一部份外。其他之橋脚。概加重壓力一百二十三方米突。長有十五米突至十八米突五角形之鐵材及土台。打入河底。該項鐵材。能載一百五十噸之重量。雖在增水期內。受强流襲擊。卒賴此種設計。俾橋脚工事。得以完成。計全橋橋脚。共用八千七百噸以上。鐵柱約用二百噸。可知其工程之浩大也。

鐵軌比河水面高十三米突半。現在雖爲單綫。將來有設複綫之准備。據此橋梁之設計。一米突能擔五噸之重量。卽用機車四輛所曳之貨車。亦能負擔。其所用之鋼鐵材料。概係德國「阿古司補魯古由尼溫」之鐵工廠。及「但蘭白魯庫」之機械建築公司所製造者。

灤口附近之河道。減水期寬約四百米突。增水期則闊至一千二百米突。兩岸之土地。比水面低二三米突。增水期或至五米突。且水底土地。爲富於流動性之泥沙。故橋梁工事。特別打入十餘米突五角形之鐵柱。柱間拌入洋灰石子砂子等。其上復以洋灰砂石等。作爲橋台。以防橋脚之沈下。

鐵橋全部之橋台。均有鐵柱。由黃河南岸起。除第二橋台下。有堅固之岩盤。未用鐵柱外。其第一橋台。用鐵柱一百七十六根。第三橋台。用二百四十根。第四橋台。用一百七十六根。其他之七橋台。有用九十根至百零六根者。雖增水期內。亦可維持安全。但此打入地中之鐵柱。仍未能達到岩石層。不過至粘土層之上部而已。

濼口位東徑一百十七度。北緯三十六度四十分。爲山東歷城縣之一鎮。圩墻周八里。南

濼口簡圖

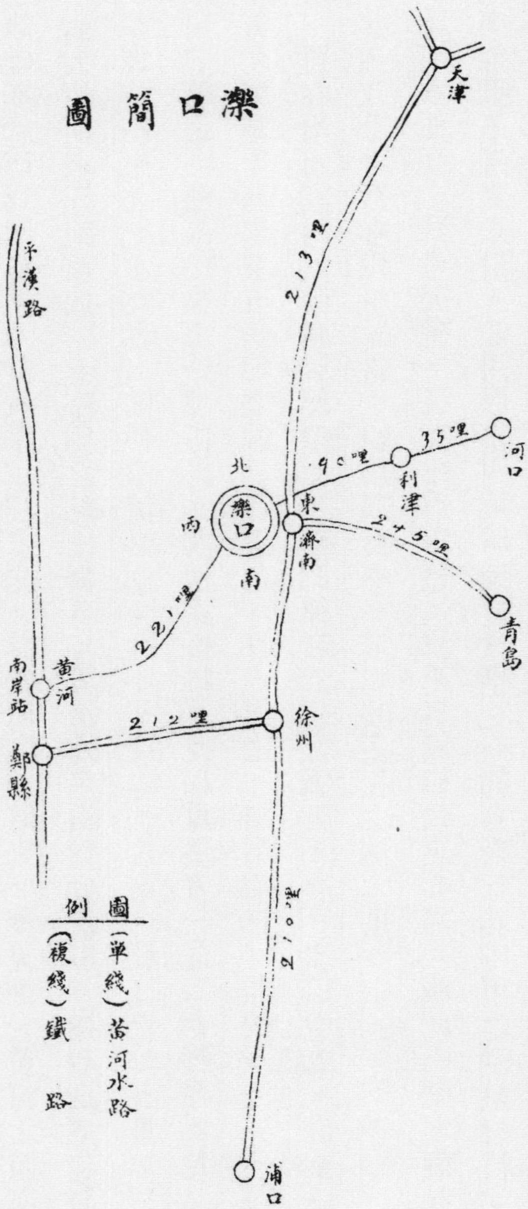

北一里。東西三里。高三丈餘。背臨大堤。居民萬餘。計四千餘戶。正當黃河水運要衝。民船往來如織。並以密邇省會。交通極繁。自津浦路暢通。並修支路以達黃台橋。與小清河水運相聯絡。商務益形發達。（津浦支綫至黃台橋與膠濟支綫相接直達青島小清河水運亦逕達羊角溝與渤海相聯絡）

住民之職業。大別之爲農業、漁業、商業。業農者以種植農田爲主。並兼營其他副業。業漁者專經營黃河及濼水之漁業。捕魚時期。河魚價値驟賤。業商者有二種。結爲商隊。出外貿易者。約佔半數。其有船隻者。則從事於轉運事業。

居民之有船者。多自己操舟。亦有另雇船夫而使之航行。其航綫西至臨濮集。東至利津。上航之物品。以鹽、紙、煤油、捲烟、織物、洋線、洋布、等爲大宗。至下航時則常運送農產、畜產、果實、雞卵等。其運費甚廉。

濼口商業。以糧行鐵器行藥行酒行洋貨行爲最多。此地主要物產。專經理由各地運來之商貨而輸出入於濟南省城。商貨交易。每以電話規定之。故市內商務。大抵爲濟南之分設。或爲代理店。其經理物產之主要品。大別之如下。

輸入品　農產　棉花　花生　果實
　　　　獸皮　鐵貨　雞卵

輸出品　鹽　棉紗　洋火　石油　茶　捲烟　絲綢　砂糖

灤口因商務發展。省府亦極爲重視。對於保護防衛上。力求周密。現鎮內有公安分局。水上警察署。斗捐局。河務分局。官船局。鹽運局。郵政局。電報局。電話局。電燈公司。商會等。北岸有官設渡船。以利交通。

灤口黃河之水運。下航者多。上航之貨物。不過三分之一。以泝河上航。皆用人力牽輓。需時多而運費亦大。故商貨常出於陸運。由灤口至利津。則除上航之鹽及農產物外。轉少下航之物品。蓋集中灤口之物產。多由鐵路轉運於青島天津等處。其一部分經黃台橋由小清河水運輸出於渤海沿岸。遠至于上海。則以黃河河口。無適宜之港故也。

灤口位於平原中央。農產甚盛。附近居民用舊式大車。運送於黃河沿岸。藉水運以分布於各地。其貿易之盛。在黃河下流碼頭中。堪稱巨擘。

民船出入於灤口。除七八兩月增水期內。因水勢湍激。停泊較少外。其餘各月分。均極旺盛。尤以五六兩月爲最多。在土產收穫期間。每日船舶出入。約有六七百隻。至少亦有二百隻。年終統計民船出入。約達十萬九千隻。每隻所載重量。以平均二萬斤計算。

則濼口每年之貿易總額。當爲一百三十萬噸左右。

民船種類甚多。大概船底扁平。爲戎克形。概有帆檣之設備。普通可載重三千斤至十萬斤。遇順風時。則挂帆破浪。船行甚速。若上航或無風時則由岸上用人力牽曳。每船船夫約十四五人。尙須隨時另雇縴夫。以資接濟。

民船上航。因水運困難。僅至姜溝附近。下航雖可利用水運。然沿岸輸入品之運送。仍由陸運爲多。南岸西部地方。以泰山支脉之突出。時有峻坂。而車馬往來。絡繹不絕。北岸概爲平原。對於東昌臨清等處。陸路之交通尤繁。

濼口距濟南十二里。道路寬三丈許。旁植楊柳。以年久失修。凸凹甚多。現雖有汽車往來。因道路崎嶇。未能發展。民國十五六年間。濟南商會曾有創辦電車之計畫。以資本難籌。旋亦中止。

濼口無碼頭之設備。因地勢之自然傾斜。爲民船裝卸貨物之所。並以正値河流灣曲處。河岸常受河水之侵觸。故隨處多築水壩。或築護岸之石垣。以防其崩潰。且可作繫船之用。

濼口一帶。河床幅一千米突。流速四百米突。水量亦較他處爲深。減水期內亦常有六七米突。故水勢甚急常生漩渦。夏秋水漲時感危險。

濼口與各地通商約可分爲三區列表如左

區域	通商各地	通商貨品	備攷
上流區	河南省鐵謝鎮黃河南岸站蘭儀口間	現在與上列各處通商較少其輸入品以山西鐵貨爲大宗	
中流區	山東省菏澤及妾溝一帶	下航棉花花生豆麥雜粮果實雞卵牛皮油脂上航鹽紙茶捲煙煤油糖洋火洋線布綢緞	占濼口集散品十分之八
下流區	蒲台利津一帶	上航鹽農產花生高粱下航日用雜貨	占濼口集散品十分之一

二

附濼口輸出入貨品表

輸入品	產地	數量	銷售地
黃豆	東昌　壽張　東阿　長清　利津	十五萬噸	濟南　上海
小麥	東昌　壽張　東阿　長清	十萬噸	濟南

高粱	東昌 壽張 東阿 長清	四萬噸	濟南 利津 濟陽
棗	東昌 茌平一帶	五萬噸	上海
花生	東昌 濟陽	六萬噸	上海 青島
牛皮	東阿 及沿岸各地	二萬噸	上海 青島
牛骨	東阿 及沿岸各地	四萬噸	上海 青島
粟米	東昌 壽張 東阿 長清	二萬噸	濟南 利津
麥稈	東昌 長清 濟陽	三萬噸	上海 天津
胡桃	東昌	六千噸	南部各省
食鹽	羊角溝	十一萬噸	濟南及沿岸各地
藥材油脂 紙棉雜貨		約十一萬噸	沿岸各地

合計七十三萬六千噸

輸出品	購買地及産地	數量	銷售地
棉布	上海　青島	六千擔	上流沿岸各地
洋線	上海　青島	六千擔	仝上
石油	上海　青島	二萬擔	仝上
洋火	上海　青島　濟南	八千擔	仝上
砂糖	上海　青島	九千擔	仝上
石炭	博山	六萬擔	仝上
雜貨	青島　濟南	五萬擔	仝上
紙類	上海　青島	二萬擔	仝上

其他商貨	八萬擔	仝上

合計十六萬九千擔　表內下航之貨約三萬擔

濼口爲黃河下流之最大碼頭。水運便利。每年由水路輸出入品。約一百萬噸。加以陸運之輸入。綜計每年商貨之貿易。約有一百五十萬噸內外。將來水運改良後。上航不致困難。則吸收河南之物產。至少可達二三百萬噸以外。山陝河北之物產。會集於此者。當亦不下數百萬噸。假使以濼口爲基點。經營上下流航綫。並對於停船場所。爲相當之設備。俾內地之產品。咸出其途。一方由膠濟路運於青島。爲國外之貿易。一方由津浦綫將輸出入品分布於各地。遠而天津浦口。互相聯絡。以圖商業之發展。黃河河口港建設後。則由河口輸入之物品。亦必由此登陸。工業可漸次發達。所占之地位。實不亞於長江之漢口。將爲北地內部唯一之市場。豈特關繫於黃河水利耶。

第五篇　附錄

第一章　德國領事及膠海關稅務司關於黃河之報告

(一)西歷一九一一年駐濟南之德國領事向德國政府之報告

山東鐵道之交通上。向西發展。比京漢鐵道向東發展之力爲强。對於津浦鐵路之關繫。益可促成此趨勢而使之迅速。蓋津浦鐵道之完成。同時山東鐵道貨物之集散漸次西進。擴大於衞河之地方。於此所最宜考慮者。卽山東鐵路至若何程度。而得侵入京漢鐵路之勢力範圍。或京漢鐵路至若何程度。而能侵入山東鐵路之勢力範圍。此兩者之競爭。有關於運費之規定。蓋山東鐵路將來之發展。則以濟南爲中心。而發展於西方及西北方面。爲最有希望。其西南部地方。不但與津浦鐵路有間接關係。亦可因山東鐵路次第而使之開發也。此問題若不解決。對于青島貿易之消長。蒙重大之影響。故現今之山東鐵路。應自濟南起。以半經而畫爲半圓。將濟南西北各地方之物產。使之悉屬於山東鐵路勢力之範圍。濟南以西各地方。以東昌爲第一貨物集散市場。並與黃河航運。極有關係。黃河水量之增減。雖無一定。而自東昌所屬以下民船之往來。與濟南通商聯絡。並無若何困難。非如由濟南向黃河下流地方之舟航不易也。濼口一鎭密邇濟南。實爲黃河貿易集散地點之中樞。凡由山東鐵路運來之物產。胥由此輸送於黃河上流。分布於各地。其從上流運來之物產。亦由此

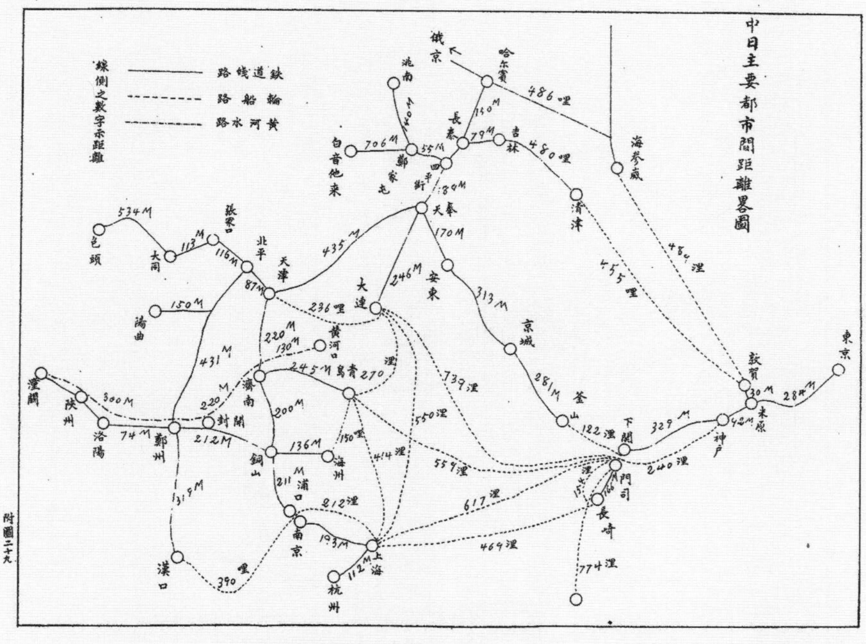
中日主要都市間距離略圖
鐵道綫路
輪船路
黃河水路
綫側之數字示距離
哈爾賓
長春
吉林
奉天
四平街
鄭家屯
洮南
白音他來
海參崴
清津
北平
天津
張家口
大同
包頭
大連
安東
京城
釜山
下關
門司
長崎
敦賀
神戶
東京
黃河口
濟南
青島
海州
銅山
浦口
南京
上海
杭州
漢口
鄭州
開封
洛陽
陝州
潼關

附圖二十九

小清河之民船

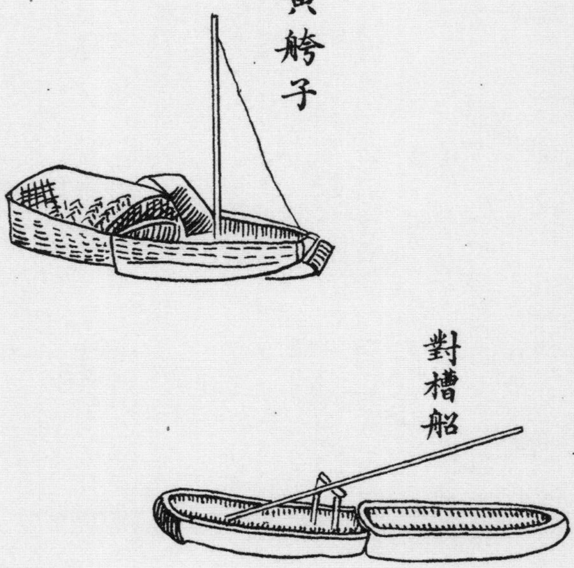

附圖三十

上陸。循山東鐵路而運出於青島。故濼口集散之貨物。比年大爲增加云。下（略）

（二）西歷一九一一年膠海關稅務司德人阿爾斯氏海關報告之一部

河南地方之大豆。輸出於青島之數量。向來極少。（最近不過五十擔以上）其最多者。爲豆油之製造。及山東省之消費品。然以黃河水運之下航。河南物產。運至濼口者甚多。黃河河口淺狹。較大之民船不能通航。則濼口所集之土產。自不得不利用鐵路向青島輸出。

河南中部之物產。多利用京漢路輸出於漢口。一九〇八年。由漢口輸出之河南大豆及胡麻。達於一千四百萬擔之多。

京漢路之黃河南岸站至漢口。約有五五〇基米突。濼口至青島。爲四二五基米突。兩相比較。其距離實近一二五基米突。而民船下航之運費。則較一二五基米突之運費。價格低廉。故預測將來之趨勢。河南山西黃河沿岸豐饒地方所產之物品。容易爲青島商人所奪。且青島有直航歐洲之輪船。得與南滿路所輸送滿洲物產相競爭云云。

右列之兩種報告。具見德人經營山東之野心。德人租借膠澳。建設鐵路。決非以濟南爲終點。故其附約復有高徐順濟兩路綫之敷設權。彼以吾國海岸。自長江口以北至天津。青島實扼其中權。乃欲藉膠濟路之勢力。向西發展。並思利用黃河水運。將山東省西部、河北省南部、及河南全部之物產。盡吸收於青島而以爲尾閭。且其時津浦北段之勢力。亦操縱於德人。故濼口鐵橋修成後。首先敷設黃台橋支路。以與膠濟綫相聯絡。使非阻於歐戰。運其敏捷之手腕。恐黃河大平原之利權。早落於條頓人掌握。亦未可知。今則青島收回。膠路已歸國有。而在彼疇昔越俎之謀。即我今日借鏡之資。改良黃河水運。開發西北之利源。展長膠濟綫路。溝通中部之物產。民生國計。利賴實多。毋徒以爲過去事實而漠然視之也。

第二章　各商業市場之距離及運費等之參考資料（凡公里改爲英里）

（一）黃河水路

（甲）黃河口至濼口　五百一十四里　合一百三十公里

（乙）濼口至平漢路之黃河南岸站　八百一十七里　合二百二十一公里

（丙）平漢路黃河南岸站至陜縣　七百五十里　合一百九十公里

(丁)陝縣至潼關	三百里	合七十五公里
(戊)灤口至蘭儀口	五百九十二里	合一百九十公里
(己)灤口至姜溝	二百四十二里	合六十公里
(庚)灤口至臨濮集	四百九十二里	合一百二十七公里
(辛)灤口至利津	三百七十九里	合九十五公里

(二)衞河水路

(甲)道口鎮至天津	一千七百二十里	合四百五十公里
(乙)道口鎮至臨清	四百六十里	合一百二十公里
(丙)道口鎮至德縣	六百九十里	合一百八十公里

(三)黃河沿岸陸路

(甲)灤口至濟南	十二里	合四公里
(乙)阿城至聊城	六十里	合二十一公里
(丙)臨濮集至菏澤	六十里	合二十一公里

（丁）黄莊至濮陽　六十里　合二十一公里

（戊）柳園至開封　十八里　合六公里

（己）黄河南岸站至鄭縣　五十二里　合十八公里

（庚）孟縣至博愛　一百二十里　合三十三公里

（辛）博愛至晉城　一百四十里　合三十七公里

（四）鐵路之距離（照公里計算）

1. 鄭縣至黄河南岸站相距十八哩

2. 鄭縣至開封相距四十哩

3. 鄭縣至洛陽相距七十四哩

4. 鄭縣至新鄉相距四十八哩

5. 鄭縣至道口鎮相距七三、八哩

6. 鄭縣至博愛相距九五、四哩

7. 鄭縣至銅山相距二百十一哩

8. 鄭縣至濟南相距四百十一哩

9. 鄭縣至青島相距六百五十九哩

10. 鄭縣至浦口相距四百二十二哩

11. 鄭縣至上海相距五百六十一哩

12. 鄭縣至漢口相距三百十九哩

13. 鄭縣至天津相距五百十八哩

14. 鄭縣至北平相距四百三十一哩

15. 道口鎮至博愛相距九十三哩

16. 石家莊至太原相距一百五十哩

17. 濟南至天津相距二百二十哩

18. 濟南至銅山相距二百哩

19. 濟南至青島相距二百四十五哩

20. 濟南至濼口相距三、五哩

以上皆已經修成之路綫其將來待修之鐵路尚有五綫試列舉於次

1. 博愛至晉城約二十七哩

2. 濟南至開封約二百三十七哩

3. 濟南至道口鎭約一百七十四哩

4. 安陽至濟南約一百六十六哩

5. 安陽至太原哩數未詳細調查

（五）運費

1. 石炭之運費

A 道清鐵路

博愛至道口鎭每噸運費一元四角（每噸每哩照〇、五計算）

道口鎭至濟南每噸運費二元六角

共計四元

B 衞河水路（冬季減水結冰期休航下航須十五日）

博愛至道口鎭（鐵路）每噸運費一元四角

道口鎭至天津（水路）每噸運費三元七角一分

共計五元一角一分

焦作炭原價爲八元三角五分再加五元一角一分之運費故在天津市價爲十三元四角六分

以上由衞河水路運往天津之運費

博愛至道口鎮（鐵路）每噸運費一元四角

道口鎮至德縣（衞河水路）每噸運費二元四角一分

德縣至濟南（津浦路）每噸運費二元五角

共計六元三角一分（道口臨淸間每噸運費一元八角三分　道口德縣間爲二元四角一分）

以上由衞河水路運往濟南之運費

附　民船與鐵路運費比較表
　　預算黃河航路改良後之運費表

民船與鐵路運費比較表

	由天津民船	由津浦路	由衞河水路（道口）
德縣 8.000 噸	每噸 $2.00	每噸 $2.53	每噸 $3.00
	由天津鐵路		
濟南 1.700 噸	每噸 $3.615		

黄河水運運費表

	m 運費	
道清鐵路	(60×0.15)	$0.90
黄河水路	（至河口）	$4.00
焦作炭原價		$8.53

0.90+4.00+8.35=13.25　爲由黄河運送之費用及成本

黄河所需時間二日　衞河下航十五日相差十三日

C山西晉城炭運費預算

晉城石炭現因騾馬運輸每騾一頭可馱一百五十斤約需運費一千五百文(約五十仙)十噸之運費約需八元四角

晉城山元炭原價二元三角
騾運或大車運費每噸十元
黃河水運路費每噸四元
} 黃河河口市價十六元三角

如博愛晉城間鐵路修成後之運費則爲

鐵路運費 $(70^{m}\times0.15)$ 每噸一元〇五分
黃河水路運費　每噸四元
山元炭價　每噸二元三角
} 預計運至河口市價爲七元三角五分

D石炭由德縣分布於津濟運費

德縣至天津 衞河水路每噸運費二元 / 津浦鐵路每噸運費四元六角八分

德縣至濟南津浦鐵路每噸運費二元五角

E 博愛至沁陽石炭運費

博愛至沁陽四十華里間用馬車裝運約需五小時可以到達計運費銅元一千八百文

基於上項計算則一日間（照十小時計算）可以行一百華里約需運費銅元三千六百文

如用馬車三輛可以裝石炭二千斤則所需運費每噸約合一元上下

F 井陘天津間石炭運費

井陘至石家莊　每噸運費一元九角七分

石家莊至豐台　每噸運費七元二角七分

豐台至天津　每噸運費四元五角

2. 棉花之運費

A 由鄭縣向各地之運費表 以一噸計算

地點	棉花運費	壓棉運費
漢口	十六元一角七分	十六元一角七分
徐州	十二元四角二分	
濟南	二一元五角	
青島	二八元七角七分	
天津	三一元四角	
上海 由浦口轉	二五元五角八分	

B 由鄭縣運往天津運費

平漢北寧兩路聯運　每擔二元五角

御河水路　每擔九角八分

府河水路　每擔一元八角五分

C 隴海路特定運費（在隴海路運棉皆用二十噸車每年約運千噸以上）

地點	棉花	壓棉
觀音堂銅山間	一〇〇、〇〇	二〇〇、〇〇
觀音堂鄭縣間	六〇、〇〇	一〇〇、〇〇

D 由平漢黃河南岸站運往漢口鄭縣之運費

（漢口）每百斤運費 1.84 每噸約合 43.28

（鄭縣）每百斤運費 0.40 每噸約合 6.70

E 黃河南岸站之運費及各種費

用費種類	運貨數量	用費數目

由陝縣水路運費	一擔	一、二八〇
黃河南岸站上陸費	每包	、〇三三
黃河南岸站倉庫費	一包	、一七〇
黃河南岸站至鄭縣汽車費	百斤	、四〇〇
黃河南岸站鹽金稅	百斤	、一七〇
共計		二、〇五三

F至汜水之運費及各種費

用費種類	運貨數量	用費數目
由陝縣水路運費	一擔	一、二八〇
上陸費及倉庫費	一包	〇、一六〇

到車站運費	一包	〇、〇三二
運往鄭縣之汽車費	百斤	〇、五〇〇
汜水釐金稅	百斤	〇、一七〇
共計	二、一四二（汜水比黃河南岸站約高九仙）	

G 由潼關至黃河南岸站之運費

起運地	數量	運費
渭南	一擔	三、〇〇
靈寶	一擔	一、五〇
陝縣	一擔	一、二八

H 由濟南經過青島棉花輸出費 以一包計算每包約百斤內外

用費種類	用費數目	備考
濟南裝車費	、〇二〇	
汽車運費	、三二〇	每車約容六噸計十二包
碼頭卸車費	、〇一八	十五噸車約合二元
碼頭費	、〇六四	一噸約合美金十六仙
輪船裝貨費	、〇五二	一噸約合十三仙
卸貨車費	、〇四八	一噸約合十二仙
輪出費	、四八四	每百斤海關兩三仙五
輪船費	一、八〇〇	一噸 四、五〇此係日人調查當指運往日本計算
保險費	、一二五	

搬運費		、〇四八	每噸十二包約合十八仙
共計		二、九七九	

3. 桐木之運費照二十噸廠車計算

運送區域	二十噸廠車運費	照每噸計算運費
鄭縣至濟南	四三〇、六〇	二一、五三
鄭縣至青島	六一一、八〇	三〇、五九
鄭縣至天津	（經過徐州）五五六、六〇	二七、八三
鄭縣至漢口	四八七、八〇	二四、三九

4. 雜貨運費

運送區域	種類	一噸運費	二十噸車運費

區間	貨物		
天津德縣間	棉絲一包	四、五〇運稅	九〇、〇〇
銅山濟南間	小麥	七、八八	一五七、六〇
	高粱	七、八八	一五七、六〇
	胡麻	九、一〇	一八二、〇〇
上海銅山間	花生	一三、一九	二六三、八〇
	小麥	一一、七八	二三五、六〇
	黃豆	一一、七八	二三五、六〇
	瓜子	一三、一九	二六三、八〇

5. 落花生運費

A 浦口大汶口間運費

二十噸車可裝二百三十包（每包約重一百六十斤）運費二七六、〇〇

B 上海大汶口間運費

用費項目	二十噸車運費	每噸運費
津浦路運費	二七六、〇〇	一三、八〇
津浦路貨捐	四四、六〇	二、二三
大汶口裝車費	三、四〇	、一七
浦口卸車費	二、〇〇	、一〇
浦口渡江費	二一、〇〇	一、〇五
京滬路運費	五〇、〇〇	二、五〇
鐵路貨捐	二〇、〇〇	一、〇〇

上海落地稅	一〇、〇〇	、五〇
上海卸車費	二、一〇	、一〇五
共計	四二九、一〇	二一、四五五

C 濟南大汶口間運費

用費項目	二十噸車運費	每噸運費
津浦路運費	六四、四〇	三、二二
津浦路貨捐	二三、三〇	一、一六五
裝卸車費	六、八〇	、三四
共計	九四、五〇	四、七二五

D 濟南青島間運費及由青島輸出至上海運費照一噸計算

濟南青島間花生米運費表

用費種類	數目
膠濟路運費	每噸七折 六、三五
膠濟裝卸費	每噸 、三〇
膠濟落地捐	每噸 、三三
共計	每噸 六、九八 由大汶口至青島每噸合 九、五七

青島上海間海

用費項目	運花生數量	運費數
青島碼頭費	一噸	、四五
青島輸出費	一噸	五、二七
青島裝船費	一噸	、一三
上海落地稅	一噸	二、六四

運運費表

上海碼頭費	一噸	一、六六
上海卸船費	一噸	、一三
由青島至上海輪船運費	一噸	三、五九
共計	由大汶口至上海每噸約合運費 二一、七四	二三、八七

E 天津大汶口間運費以二十噸車計算

津浦路運費	二三九、〇〇
津浦貨捐	二二、四〇
裝車費及其他雜費	二七、二〇
共計	二八八、六〇 每噸合運費一四、四三

F 花生油運費

運送區域	鐵路運費	貨捐	經手費及其他雜費	每噸運費
大汶口至濟南	九八、八〇	二八、六〇	八四、〇〇	四、九四
大汶口至天津	三六六、四〇	二八、六〇	一九〇、〇〇	一八、三二
大汶口至浦口	四二三、四〇	五七、二〇	二四〇、〇〇	二一、一七
大汶口至上海			三二〇、〇〇	二五、五四

G 鄭縣花生油運費

運送區域	二十噸車運費	每噸運費
鄭縣至天津	七四八、六〇	三七、四三
鄭縣至漢口	六〇九、六〇	三〇、四八

H 開封花生運費　鄭縣至天津二十噸車輸送花生運費爲四十四元

運送區域	二十噸車運費	每噸運費
開封至銅山	二一三、四〇	一〇、六七
開封至鄭縣	五九、六〇	二、九八
開封至漢口	五四七、四〇	二七、三七
開封至上海	四七五、二〇	二三、七六

I 開封至上海花生運費照二十噸車計算

運送區域	運費數目	
開封至銅山	二一三、四〇	四等貨
銅山至浦口	一九二、八〇	四等貨
浦口至南京	（過江費）二一、〇〇	

南京至上海	四八、〇〇	
共計	四七五、二〇	每噸合運費廿三元七角六分

6. 牛皮運費

A 由鄭縣分布各地運費照每噸計算

運送區域	運費	運送區域	運費
由鄭縣至漢口	一四、四六	由鄭縣至上海	二四、二八
由鄭縣至濟南	一五、六六	由鄭縣至銅山	七、八〇
由鄭縣至青島	二二、四四	由鄭縣至天津	二二、四四

7. 鐵之運費

A 平定鐵由平定用鐵路輸出於天津照一噸計算

運費項目	款數	運費項目	款數
產地公費	○、二五	陽泉石家莊鐵路費	三、七三
陽泉站裝車	○、一五	石家莊站盤載費	○、一五
		豐台天津間運費	二、九七
倉庫費	○、二五		
石家莊豐台間鐵路費	八、○○	天津加稅	○、二五
		車站埠頭間運費	○、六○
共計		一六、三五	

B平定鐵各地市價　民國七年調查

種類	陽泉	天津

生鐵（白）	每噸　四二、〇〇	每噸　六五、〇〇
生鐵（灰）	每噸　四五、〇〇	每噸　七五、〇〇
熟鐵	每噸　七二、五〇	每噸　一一三、〇〇

C晉城鐵運費博愛生鐵百斤市價三、〇〇　熟鐵百斤市價五、〇〇

（甲）向天津輸出第一經路

運送區域	鐵之數量	運費數目
博愛清苑間	鐵一噸	一六、三一
清苑天津間	鐵一噸	二、一〇
共計		一八、四一

（乙）向天津輸出第二經路

運送區域	鐵之數量	運費數目
博愛邯鄲間	鐵一噸	八、一〇
邯鄲天津間	鐵一噸	七、〇〇
共計		一五、一〇

(丙)向天津輸出第三經路

費用種類	運鐵數量	運費
博愛道口間鐵路運費	鐵一噸	四、一一
道口裝卸費	鐵一噸	一、〇〇
道口天津間民船運費	鐵一噸	六、二二
雜費	一噸	一、〇〇

共計		一二、三三

（丁）向濟南輸出第一經路

運費種類	運鐵數量	運費
博愛至黃河碼頭間運費	鐵一噸	四、五〇
平漢黃河南岸站灤口間水路運費	鐵一噸	九、二四
灤口濟南間運費	鐵一噸	二、五二
雜費	鐵一噸	一、〇〇
共計		一七、二六

（戊）向濟南輸出第二經路

費用種類	運鐵數量	運費

博愛道口間鐵路運費	鐵一噸	四、一一
道口各項雜費	鐵一噸	一、〇〇
道口德縣間水路運費	鐵一噸	六、二二
德縣濟南間津浦運費	鐵一噸	三、二四
雜費	鐵一噸	一、〇〇
共計		一五、五七

D 鐵之輸出港

(甲)天津港
- 博愛鐵之原價 八四、〇〇
- 博愛至天津運費 七五、〇〇

(乙)青島港
- 博愛至濟南運費 一六、〇〇
- 濟南至青島運費 五、〇〇四
- 青島輸出稅 二、〇〇

E 黃河由上流至濼口民船運費

（甲）魚山（聊城屬）——濼口間計二百四十里下航每運花生雜糧等千斤約需運費七角左右 順風一日　逆風二日半

（乙）滑口——濼口間計二百三十里下航運棗一包重二百八十斤約需運費七角左右（上航比下航運費加倍）

F 臨清天津間衛河運費

貨品及重量	運費
棉花一包	〇、六〇 合銅元一千至一千二百文
牛骨百斤	二〇、〇〇至三〇、〇〇
小麥一包	〇、四〇 尚有稅款〇、一二五 斗捐〇、〇二
小麥一包至德縣	〇、三二

雜糧一包 ○、三○至○、四○ 尚有稅款○、九 斗捐 、○二

附棉花一包由臨清陸地運濟南需運費 一、二○至一、五○

G由聊城附近各地至聊城之運費

一、大車載重千斤由濟南至聊城需費銅元二十千

一、大車載重千斤由安陽至聊城需費銅元二十三四千

一、大車載重千斤由阿城至聊城需費銅元十千

一、大車載重千斤由泰安至聊城需費銅元十八千至二十千

一、大車二輛載重千二百斤至二千斤一日路程需洋 二、五○

一、大車三輛載重千五百斤至二千斤一日路程需洋 三、四○

一、大車四輛載重二千斤至二千五百斤一日路程需洋 四、○○

一、大車五輛載重二千五百斤至三千斤一日路程需洋 四、八○

一、小車一輛載重四百斤行六十華里需洋 ○、六○

一、轎車一輛行一百華里需洋 一、五○至二、○○

一、驢一頭行八十華里需洋　〇、三〇至　〇、四〇

一、人力每日　〇、二五至　〇、三〇

附由滑口至禹城百八十里陸地運費銅元四千

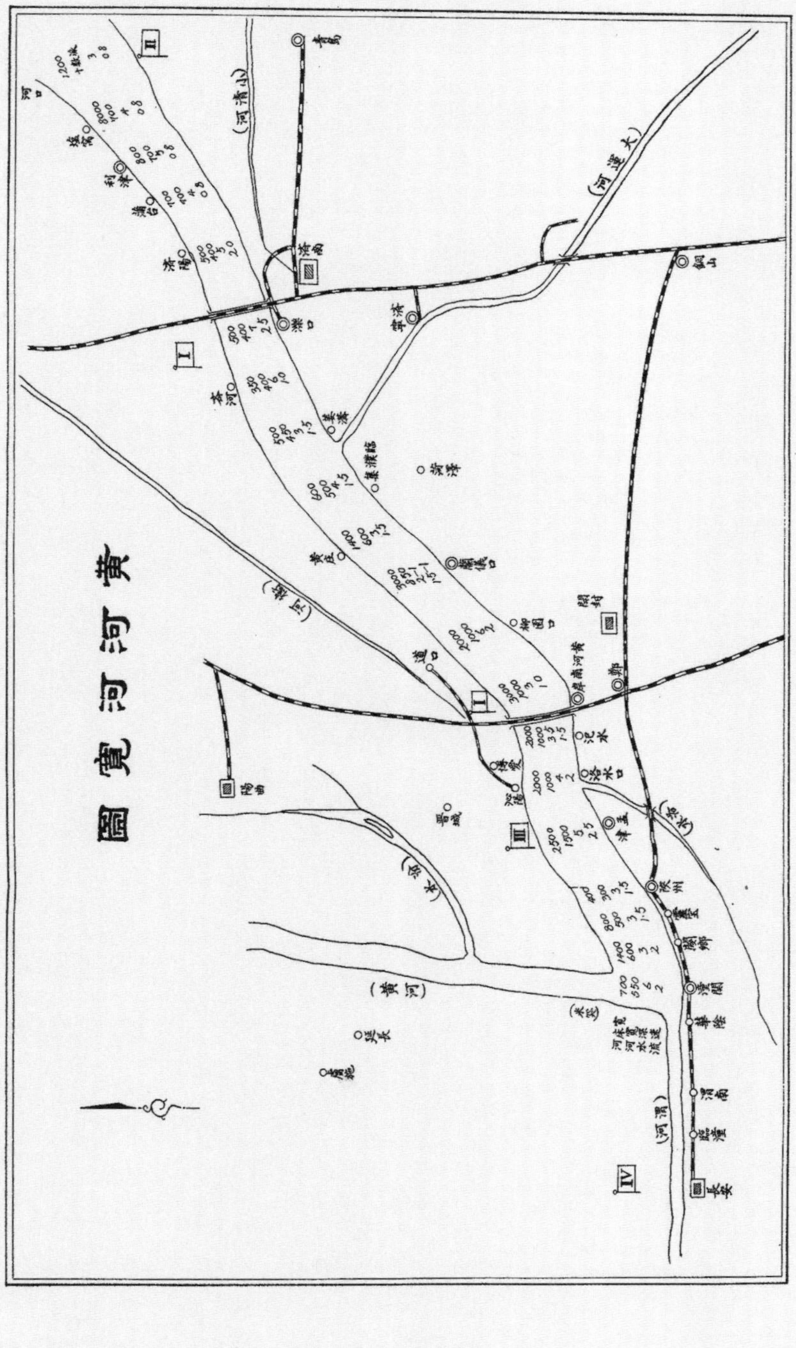
黃河河寬圖

後記

我是從數學史學習中逐步瞭解治黄史的。漢代《許商算術》的作者許商，好天文術數之事的王景、李尋善，他們既是數學家，又以治理黄河而聞名。我國現存最早的河工著作《河防通議》，將中國古典數學天元術運用到治黄工程中，創造了中國古代工程數學的一個高峰。除了數學史之外，内蒙古師範大學科學技術史研究還以少數民族科技史和地方科技史見長。李迪先生曾指出地方科技史研究的重要内容是人與自然環境變遷、科技遺迹與自然環境以及環境與生産的關係，此類研究具有明顯的現實意義和重要價值。想要通過大科學史研究，弄清變遷的原因和未來的發展趨勢，産出對于地方各方面的開發有更大、更直接價值的成果，這類研究大多離不開文獻。之後，李迪先生更是直接指出科技史研究不僅是對過去的科技工作和科技成果的回顧與總結，而且要着眼于現代，讓古人的發明創造爲今人服務，繼續在現代發揮其應有的作用。我將先生大科學史的治學理念視爲座右銘，在科研工作中更加注重讓科研成果服務于國家戰略與區域發展需求。

二〇一九年九月，習近平總書記在黄河流域生態保護和高質量發展座談會上指出，黄河流域在我國經濟社會發展和生態安全方面具有十分重要的地位。黄河流域生態保護和高質量發展是重大國家戰略。同年十月，黨的十九届四中全會提出『加强邊疆治理，推進興邊富民』，首次把邊疆治理寫入黨的文件。內蒙古師範大學組織科研力量，積極申報研究闡釋黨的十九届四中全會精神的國家社科基金重大項目，其中『中國特色社會主義民族區域自治制度自信研究』項目獲批。我承擔其中的『鑄牢中華民族共同體意識下的民族自治地方文化自信研究』子課題，而黃河是首選文化要素。二〇二四年，該項目順利結項，我也對黃河文化所藴含的時代價值有了更深的體會。

有鑒于此，我帶領文化遺産智能應用服務中華民族共同體建設『英才興蒙』團隊，以黃河爲主題，開展了文獻、文物、傳統工藝等多模態資源庫建設和跨模態應用示範工作。這次與內蒙古人民出版社合作出版的《黃河國家治理文獻集成》，旨在梳理和總結文獻中所藴含的歷史經驗和文化信息，爲當代及未來的黃河治理和地方文旅産業發展提供參考與借鑒。

感謝內蒙古民族文化産業研究院、巴彦淖爾市圖書館等单位的傾力相助，感謝內蒙古自治區黨委宣傳部、內蒙古出版集團、內蒙古人民出版社對本項目的支持與幫助。

在此，也向致力于黃河治理和大河安瀾的歷代先賢與當代典範表達崇高的敬意：你們的不懈努力與無私奉獻，爲黃河的安寧與人民的福祉築起了堅實的防綫；你們的智慧與勇氣，將永遠銘刻在中華民族的歷史豐碑上，激勵後人不斷前行。

董杰

二〇二五年一月